打擾了！我們是外來生物

自然界中迷人的反派角色？

插畫&內文 Ulaken Volvox

監 修 國立研究開發法人 國立環境研究所
生物・生態系環境研究中心 生態風險評估・對策研究室
室長 五箇公一

目次

※本書以日本生態環境、官方公布資料爲主。若查無正確中文學名的生物，會以學名、日文名稱直譯，並附註英文學名。

緊急對策　重點對策　綜合對策　產業管理　侵入預防　定居預防

前言

從全宇宙無數的「有趣生物書籍」中選中了這本書的你！非常感謝您的厚愛！我是負責本書圖文（解說頁以外）部分的Ulaken Volvox。然後，有在跟隨我推特的大家！我出書了喔！至於初次見面的各位，看在萍水相逢的緣分上，也請務必幫我按個追蹤吧（@ulaken）。

我平時從事插畫的工作，替人畫畫廣告用的插圖，或是寫寫專欄、介紹電影。因為我家附近的公園池子裡住了一大群彩龜（在日本俗稱「綠龜」），好奇之下上網查了查原因後，在推特上貼了一篇附插圖的介紹，結果就收到「有沒有意願出一本介紹外來種的書呢？」的邀約，才因緣際會下出了這本書。太好了！果然哪，無論任何事，機會都是要自己創造的呢！

為了製作這本書，我查了很多有關外來種的資料，結果愈查愈認識到人類真的是種罪業深重的生物。即使說外來種的歷史就是人類「造業」的歷史也不為過。雖然外來種常常被人類當成邪惡的生物，但牠們大多數才是人類造業的受害者。而這本書中，滿載了人類「造業」的歷史。換言之，是一魚可以二吃的美味「歷史書」兼「生物圖鑑」。買到就是賺到喔，太太！

呃呃……可是，這本書不是專家寫的吧？內容可靠嗎？腦中正如此懷疑的各位，請不用擔心。因為這本書經過了國立環境研究所的五箇公一老師嚴格監修。像我這樣的門外漢也能出書，都是五箇老師的功勞。真的非常感謝。

另外，在推特上發現並邀請我出書，甚至負責了從編輯到裝訂工作的F先生；替本書編寫了詳盡解說的富士本先生，以及替本書校閱的各位人員，參考文獻的諸位作者，同意讓本書出版的PARCO出版社的各位；還有看到我一邊來回踱步，一邊嘟囔著「完了……，截稿時間這麼趕。照這個速度來不及上色啊。」，就主動提議「要我幫忙上色嗎？」利用家事和育兒的空檔替我塗完了大量烏龜和青蛙的老婆大人；我想藉這個機會向他們致上最深的感謝。

那麼，不好意思拉拉雜雜寫了這麼多，還請各位好好享受本書的內容。有機會的話，在別處（主要是推特或部落格）再會吧！

快讀快讀！
快翻頁、
快翻頁！

謝謝大家！

本書的閱讀方式

特定外來生物會用紅色的標記顯示。

表示種別和原產地、體長等基本資訊。

危險程度分為5等，在日本或全世界被選為「百大侵略性外來生物」的生物，會在此標示。 世界100 日本100

緊急對策外來種
吃！吃！吃！吃光一切！
大口黑鱸
Micropterus salmoides
・環境適應力強，廣泛棲息於河川、湖泊、池塘、人工湖等水域
・可長到很大，而且壽命也長
口
花紋
可將老鼠一口吞下肚的巨嘴
顎
上顎的裂口在眼球更後方
・會大量產卵，由於母魚會保護卵和幼魚，故繁殖力很強
因釣鱸熱潮而在全國擴散!!
北美原產
Nice to meet you.
黑鱸丼

背面

正面

若屬於特定外來生物則用紅色的橫條標示。

用漫畫介紹該生物的特徵或性質，以及進入日本的前因後果。

以平易近人的方式介紹生物的外觀特徵、習性和食性。

按以下顏色區分該生物在「生態系被害防治外來種名單」（日本環境省、農林水產省公布）的分類。

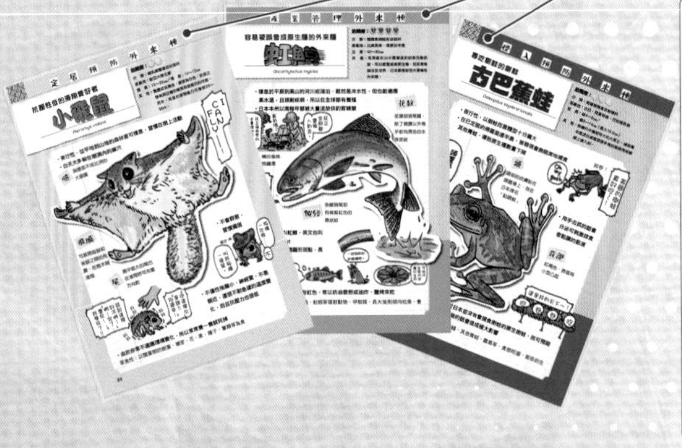

小飛鼠
虹鱒
古巴蕉蛙

綜合對策外來種

- 緊急對策外來種
- 重點對策外來種
- 其他綜合對策外來種

產業管理外來種

（必須進行適當管理，產業上重要的外來種）

定居預防外來種

- 侵入預防外來種
- 其他定居預防外來種

何謂侵略性外來生物？

所謂的外來生物，就是原本不是棲息在某塊土地的生物，其中許多是被人類從其他地方帶進來。這些生物在新的土地上落地生根後，有時會變成具侵略性的外來生物。

外來生物的定義

在因海洋等原因而形成孤立地形的地區，往往會演化出當地獨特的生態系。有些地方甚至沒有大型掠食者，演化出許多在與世隔絕的環境中悠哉生活的原生種。

然而，當人類為了自己的方便把外來生物帶進那些地區，而且那個環境剛好又特別適合外來生物生存時，被引進的生物就會在當地野生化。更甚者，牠們還可能會攻擊當地的原生生物，或是與原生生物搶奪食物，使該地區一下子被外來生物占據。

另一方面，原生種有時會抵擋不住外來生物的壓力，導致數量銳減，最壞的情況甚至會導致物種滅絕。

上述的這種會對原生種和當地生態系造成巨大影響的外來種，就稱之為侵略性外來生物。侵略性外來生物，一般認為是被人類當成寵物或食物帶進來，或是躲在船舶或飛機、貨車上混進來的。

譬如在夏威夷，棲息在海洋的無脊椎生物有七成不是原生種，普遍認為是附著在船隻上從其他海域侵入的。還有，在外來生物眾多的地中海地區，據說有高達七百多種的生物是在蘇伊士運河開通後才進入的。

除了船和運河等大型航運系統外，一般的旅客也會在無意間傳播外來生物。２０１７年，全球的國際旅行人數已超過13億２３００萬人，躲在旅客的行李中飄洋過海的外來生物也同樣不少。一旦這些外來生物適應了當地的環境，就會擴張領土壓迫到當地的原生種。

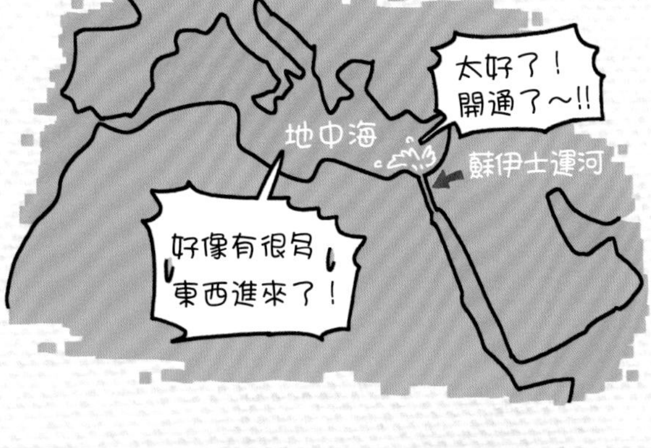
太好了！
開通了～!!
地中海
蘇伊士運河
好像有很多
東西進來了！

外來生物引發的問題

有些外來生物會使原生種減少，破壞當地環境，或是成為病菌的傳播者。不僅如此，其中還有一些種類會自相殘殺，製造出生物量稀少的環境。

原生種的毀滅、雜交

外來生物，可說是生物多樣性減少的一大主因。其中最嚴重的損害，有以下三項。

① 攻擊、捕食原生種，直接導致原生種數量減少。

② 若食物和棲息地與原生種相同，則會形成競爭，使原生種更難生存。

③ 外來種與原生種雜交，使雜交種增加，純粹的原生種數量下降。

一旦外來生物混進了當地生態系，就會發生以上的現象，對生態系造成極大的打擊。

尤其是在島嶼的陸地地區，由於長期與外界孤立隔絕，往往會發展出獨特的生態系，演化出許多原生的植物、昆蟲、爬蟲類、兩棲類、鳥類、哺乳類，以絕妙的數量維持平衡，生態系內不同物種的族群數量就像金字塔一樣。

有些獨立的生態系中，會缺少大型哺乳類和鳥類。當外來生物侵入了這樣的環境，由於沒有天敵存在，往往會一口氣大量繁殖，或是攻擊原生種，造成非常嚴重的損害。

另外，如果是與原生種同種的亞種，或是種系十分接近，則會發生雜交，使純種的原生種較難留下子代。雜交種（雜種）有時除了會失去原生種的特徵，還可能失去原生種原本具有的對某

喂！那裡不能吃掉太多！
喀啦
劈哩
啊ー不好了！要垮了！要垮了啦！
鳥
魚
昆蟲
水草
喀沙 喀沙
喀沙 喀沙

根據生態系生物數量繪製的金字塔圖

些疾病的抗性。

除了孤島等環境之外，此類現象特別容易發生在河川、湖泊、池塘、沼澤等環境。一旦原生種建立的生態系平衡被破壞，就會像雪崩一樣快速影響到整個生態系。

對生態系和環境的傷害

侵略性外來生物光是進入原本不屬於牠們的土地和地區，就會使原生種消失，破壞當地生態系。不僅如此，侵略性外來生物通常都沒有天敵，所以往往會伴隨繁殖過量的問題。

這些外來生物會使生態系耗竭，以水中環境為例，甚至有可能導致水質汙染。

而且不只是野放到自然環境的外來生物，為了養殖目的被引進的生物也需要注意。因為養殖動物有可能會逃出養殖地，或是在人類放棄養殖後被留在當地，逃到野外後大量繁殖。

還有，不只森林和湖泊、沼澤等自然環境，像是水田等人類的活動範圍內，也會有養殖的螯蝦棲息、繁殖，因此也可能破壞生態系的平衡。

導致受傷或成為傳染病的媒介

野生化的外來生物，也可能會咬人、抓人，直接使人受傷。不僅如此，外來生物造成的危害，還不只是咬傷人而已。

就像中世紀時黑鼠把瘟疫帶入歐洲，野狗和野鴿等外來生物也可能成為疾病的媒介。這些外來生物除了被人類刻意引進的物種，也包含躲在貨櫃中搭便船的小動物。這些生物有時會從其他地方把病原菌帶入當地，導致嚴重傳染病的流行。

隨著飛機、船舶、高速鐵路的發明，世界變得愈來愈小的現代，外來生物也更容易把原棲地的疾病和寄生蟲帶到其他地方，傳播疾病，成為對人類而言十分棘手的存在。

而且，如果這些疾病只會傳染給人類倒還不成問題。但外來生物帶進來的疾病還可能傳染給原生生物。為了畜牧和養寵物的國際性生物買賣行為，很可能會對數以百計的生物種造成危害。

諸如此類的破壞，不論是對原生物種、對人類，還是對生態系、對人類社會都有深遠影響。

外來生物侵入日本的路徑

若排除人為因素的話，生物擴張活動範圍的速度，原本應該十分緩慢。然而，一旦人類刻意引進外來物種，例如在湖泊流放外來魚類，生態系就會因為外來種數量瞬間增加而崩壞。

由人類帶進來的狀況

被人類引進的外來物種，可分為有意圖引進，和無意間帶入兩種情況。

譬如浣熊、彩龜等就是被當成寵物引進的物種，種類十分繁多。這些生物一開始雖然被當成寵物，後來卻因為長得太巨大，或是性情比想像中凶暴，結果被飼主野放，就變成了外來生物。此外，有時外來生物也會自己逃出飼養地。

這些被飼養的動物，既有如藍孔雀這種顯眼的生物，也有像花栗鼠和赤腹松鼠這種跟原生物種十分相似的生物。

除此之外，也有一些是為了食用而引進的生物。像是美洲牛蛙和大口黑鱸等皆屬此類。

美洲牛蛙在北美等地被當成食物，因此有段時期也在日本養殖及出口。儘管牛蛙在二戰後那段時間的確被是貴重的食材，但隨著日本人的生活愈來愈富裕後，吃青蛙的人就愈來愈少。結果牛蛙的野生數量開始遽增，最後成為了指定外來生物，明令禁止飼養和野放。

除了飼養和食用外，為了毛皮而被引進的美洲水貂和海狸鼠，一般認為也是被養殖業者野放和逃脫而在日本落地生根的。此外，也有像為了獵捕龜殼花而被引進的印度小貓鼬這種，為減少對人類有害的生物而引進的外來種。

順帶一提，利用天敵控制特定生物數量的方法雖然被稱為生物學防治法，但有時為防治特定生物而引進的生物，反而會變成當地的問題物種。若引進失敗的話，會對當地原生物種和生態系造成極大衝擊，所以在實施前必須慎重考慮。

人類刻意引進外來物種時，防止逃脫和不野放是最重要的守則。順帶一提，被指定為特定外來種的生物，在日本是禁止以活體運送的，而且也禁止轉讓或販賣給他人。

另一方面，無意間帶入的生物，則有紅火蟻和紅背蜘蛛等。這些生物通常是夾雜在旅行者的衣服、行李或是貨輪的貨櫃中，在人類沒有察覺的情況下飄洋過海。

　此類生物大多一開始只會在港口和機場等船舶和飛機往來的地點出現，但一段時間後，便會隨著物資被運往內陸，逐漸擴張棲息範圍。

貨輪壓艙水的原理

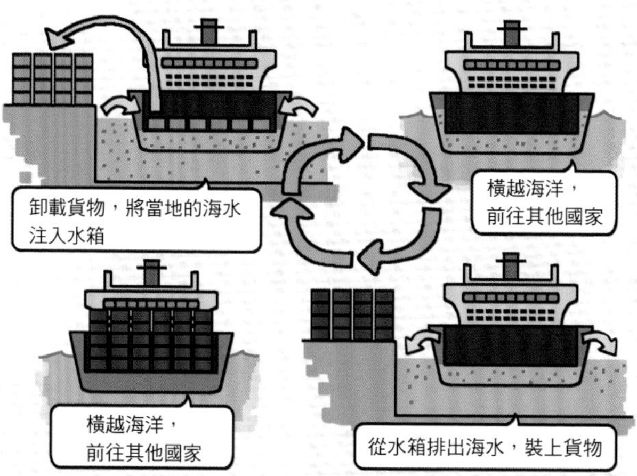
卸載貨物，將當地的海水注入水箱
橫越海洋，前往其他國家
從水箱排出海水，裝上貨物
橫越海洋，前往其他國家

　此外，海洋生物也會附著在船體上，或是混在壓艙水中被運到其他地方。附著在船底的外來生物，有時會在船隻駐港時在當地繁殖。

　順帶補充一下，所謂的壓艙水，就是船隻為了控制重量平衡而儲存在水槽內的水。壓艙水的用途是在船隻卸貨變輕後，代替貨物的重量穩定船身，所以通常會在卸貨地吸入海水，然後在其他地區的港口載貨時再排出海水，因此常常會混到螃蟹或水母等外來生物，一起排出。而日本作為天然資源輸入大國，同時也是最大的壓艙水輸出國。

　附著在船體，或隨著壓艙水一起被運到遠方的生物，據說一艘貨輪就高達數百種。這些外來物種都有可能成為病原體的傳播媒介。為了預防，船體必須定期清洗，並注意壓艙水的管理。

　現在，根據壓艙水管理條約，貨輪只能在水深200公尺以上的海域交換壓艙水，並且規定壓艙水內的生物數量必須低於特定標準。

　諸如艾氏濱蟹和地中海貽貝，都是混在壓艙水或吸附在船體上被帶進日本的外來生物。這兩者都是原本只在歐洲棲息的生物，但如今卻在日本落腳，被日本政府指定為生態系被害防止外來種。

縮小的世界

　隨著貿易範圍擴大，國際旅客增加，外來生物也從世界各國被帶進日本。

現在，全球的國際旅客數量高達13億2300萬人（2017年），並且未來還會繼續增加。而夾帶在旅客的行李、鞋底的土壤內的生物，被當成伴手禮的水果、贈品，或者是動物本身，進入日本國內的外來生物數量也跟著增加。

隨著旅遊的地點愈來愈多元，來自世界各地的外來生物更容易被帶進國內。這個狀態，與自然的生物擴張有著極大差異，生物可以輕易被運送至本來到不了的地方。所以從船舶、飛機運送的貨物，甚至是旅客的行李和隨身物品，都必須仔細檢查有無外來生物混在其中。除此之外，讓旅客了解如何防範自己夾帶外來生物也很重要。

耶—！
一口氣飛往地球的彼端！

能輕鬆買到位於地球另一端生產的產品，能搭乘飛機輕鬆到遠方的國度旅行的確是很方便。可是相對地，我們也要更加小心別讓自己的方便破壞了自己國家的生態系。

全球暖化等氣候變遷

全球暖化是近年極受關注的環境議題。

北極海的冰山融化，導致北極熊的棲息地減少，還有南太平洋的海平面上升，引發陸地淹沒的危機等，各式各樣的問題層出不窮。

海水溫度上升，也會增加某些生物的生存壓力，導致生物死亡。此外，原本只能在高水溫海域生活的生物，也會因此擴張到緯度更高、原本水溫較低的海域。

同樣的情況也發生在陸地。

原本棲息在高山的白鼬和岩雷鳥，不得不遷徙到比之前海拔更高的高地，甚至有些生物因為棲息地減少而面臨滅絕的危機。另一方面，日本獼猴和山豬等生物，則因積雪減少而使活動範圍向北擴張。

棲息在寒冷地區的生物滅絕或數量銳減，原本棲息在溫暖地區的生物，則取而代之成為該地域的生態系中心。

此外，全球暖化造成的乾旱也會導致植物因壓力增加而降低抵抗力。一旦森林的原生樹種抵抗力降低，便無法抵抗外來植物的入侵。而孕育眾多生物的森林環境一旦改變，原生物種就可能難以生存，變成外來物種容易繁殖的環境。

更甚者，全球暖化也導致會傳播疾病的生物向北方擴張，使日本國內原本很少見的疾病大流行。

譬如傳染病媒介的白線斑蚊，其活動範圍就有向北擴張的趨勢。這種蚊子一般認為是躲在進口輪胎中，從非洲傳播到美國和歐洲。牠的環境適應力非常強，更被指定為「世界百大侵略性外來物種」，還是登革熱、西尼羅熱、黃熱病等疾病的病媒，所以其分布範圍愈廣，就愈可能危害人類的生命。

日本原生種在外國造成的問題

外來生物不只會從國外進入日本。由日本傳播至外國的生物也是一大問題。

例如，由於日本以外的國家極少食用裙帶菜，因此裙帶菜在侵入海外後大量繁殖，現已被指定為「世界百大侵略性外來種」。

裙帶菜和貝類，當初就是附著在船底、混在壓艙水內，被運送到遙遠的海域，進而大量繁殖。在不食用裙帶菜的國家，裙帶菜只是一種會帶來麻煩的海藻。例如在紐西蘭、澳洲、歐洲、美國等地，裙帶菜就因為繁殖過度，造成經常纏住漁業用機械的問題。

另外，多棘海盤車也在澳洲大量繁殖，因為食慾太過旺盛，把當地的牡蠣和帆立貝吃得亂七八糟。

從海洋生態系崩潰，以及貝類養殖業受到重創等現象，便可看出管理壓艙水這件事，究竟有多麼重要。

而陸生生物中，也有從日本侵入國外的例子。

譬如日本貉就是其一。日本貉最初是被當成毛皮輸入至俄國的動物。然而，一部分的個體跑到野外，穿過歐亞大陸入侵了歐洲。由於其適應力太強，很快就在各地生根，現在已成為德國、義大利、法國等地農作物的大敵。

同樣的，日本梅花鹿也曾被當成狩獵用動物輸出到歐洲和美國，並被當成食用動物輸出到紐西蘭。結果，野生化的日本梅花鹿吃光了當地的青草和農作物，並和當地的紅鹿雜交，引起了各種問題。

無論是日本貉還是梅花鹿，原本都是為了服務而人類而被引入俄國和歐洲的。然而，牠們最終卻變成了害獸。為了人類的方便而被引進，但適應了當地環境，大量繁殖後，卻又被當成麻煩製造者……無論在日本還是其他國家，外來生物的立場都一言難盡。

另外，也有些在日本瀕臨滅絕的動物，在國外卻被指定為侵略性外來生物。

其中一個例子，就是白鼬。日本的白鼬有本州白鼬（Mustela erminea nippon）和蝦夷白鼬（Mustela erminea orientalis）兩個亞種。本州白鼬棲息於中部地方和東北地方的山區，但數量稀少，已屬於近危物種。而棲息於北海道的蝦夷白鼬也被指定為近危物種。

世界百大侵略性外來種的白鼬
雖然在日本瀕臨滅絕。
在紐西蘭等地卻大肆繁衍。
啃啃
奇異鳥真好吃～

然而在日本數量稀少的白鼬，在紐西蘭等國卻在為了控制老鼠和野兔的數量引進後，違背人類的期望吃光了奇異鳥等原生動物，更因為沒有天敵而大量繁殖。

現在，白鼬也被列入了「世界百大侵略性外來種」。這個案例，就跟日本當初引進印度小貓鼬的情況非常相似。為了驅逐對人類有害的動物，被當成天敵引進後，卻沒有按照人類的期望行動，反而變成了害獸。

除此之外，也有昆蟲從日本入侵至海外。

譬如豆金龜在日本是一種沒什麼危害的昆蟲，但在附在植物球根上傳到美國後，因為沒有天敵而大量繁殖，成為了被當地俗稱「日本甲蟲」的農作物大敵。

其他還有傳到夏威夷群島的柑橘鳳蝶、傳到北美的舞毒蛾，牠們的幼蟲也在當地對樹木造成了極大的危害。柑橘鳳蝶的幼蟲原本就是以柑橘類的葉子為食，一旦在果樹園落地生根，被當成害蟲也是無可奈何的事。可見即使是在日本沒有什麼問題的生物，到了完全不同的生態系，也會成為搗亂當地生態的禍害。

生物多樣性基本法與外來生物法

為了保護日本的野生動物和生物多樣性，守護生態系的平衡，維持生態系的永續發展，繼而保護人類自身的利益，日本制定了法律來預防侵略性外來生物的危害。

生物多樣性基本法

這是平成20年（2008年）6月開始實施的法律。其目的是「綜合且有計畫地推動保全生物多樣性及永續性的措施，保障豐富的生物多樣性，實現後代子孫也可享受自然恩惠並與自然共存的社會，集全民之力保護地球環境」。

簡而言之，就是為了直接或間接保護具生物多樣性的生態系，並保護生物及其棲地，將之傳承給下一代而制定的法律。

本法令除了規定國家和地方自治體應為保護生物多樣性應採取的對策，還進一步規範了地方公共團體、業者、國民、民間團體的義務和責任。另外，也規定了國家為保護野生動物，對於生物的轉讓、捕捉，以及外來生物的飼養和利用相關的規範。

外來生物法

平成17年（2005年）6月施行的法律。正式名稱為「特定外來生物造成之生態系相關損害防治相關法」。本法的制定目的包含對生態系造成危害的生物（特定外來生物）的規制與驅除、防止措施，以及防治外來生物對生態系、人類、以及農林漁產業的損害。

被指定為特定外來生物的動植物原則上禁止飼育或栽培，此外也禁止運送和持有。換言之，發現特定外來生物不可以捕捉，也不可以攜帶活體。這是為了防止這些外來生物的棲息範圍更加擴張的措施。

當然，進口和販賣、野放也都是禁止的，還有轉讓給沒有許可的人也同樣違法。

若觸犯此法，可處三年以下徒刑，或科處三百萬日圓以下（個人），一億日圓以下（法人）之罰金。由以上的刑罰，足見特定外來生物對日本生態系造成的影響之深刻。

外來生物列表（至2018年12月20日）

哺乳綱（35種）

- 特 恆河猴
- 特 浣熊
- 特 歐亞紅松鼠
- 特 山羌
- 黑鼠
- 特 赤腹松鼠（台灣松鼠）
- 特 台灣獼猴
- 特 海狸鼠
- 野貓（野生化的家貓）
- 野山羊（野生化的山羊）
- 特 印度小貓鼬
- 特 美洲水貂
- 家兔（穴兔）
- 特 鹿屬（除日本原生的梅花鹿外）
- 花栗鼠（朝鮮花栗鼠）
- 褐鼠
- 野狗（野生化的家犬）
- 野豬、山豬（野生化的家豬、山豬）
- 果子狸
- 小家鼠
- 特 蝟屬（東北刺蝟（黑龍江刺蝟）等）
- 特 麝鼠
- 松鼠猴
- 特 紅頬
- 特 花鹿屬（斑鹿）
- 特 食蟹浣熊
- 特 食蟹獼猴
- 特 麋鹿
- 特 縞獴
- 特 小飛鼠
- 特 黏鹿屬
- 特 灰松鼠
- 特 白背松鼠
- 矇眼貂
- 特 刷尾負鼠

鳥綱（15種）

- 藍孔雀
- 特 加拿大雁
- 特 黑臉噪鶥
- 特 白臉噪鶥
- 特 畫眉
- 特 紅嘴相思鳥
- 黑頸長腳鷸
- 環頸雉（大陸產亞種）
- 疣鼻天鵝
- 山齒鶉
- 白頭翁
- 未 灰翅噪鶥
- 紅領綠鸚鵡
- 黑喉紅臀鵯
- 綠繡眼（外國產）

爬蟲綱（21種）

- 彩龜
- 特 擬鱷龜
- 特 綠變色蜥
- 特 黑眉曙蛇
- 特 台灣龜殼花
- 美洲鬣蜥
- 特 斯文豪氏攀蜥（台灣龍蜥）
- 中國鱉
- 柴棺龜
- 特 安樂蜥屬（綠變色蜥、沙氏變色蜥除外）
- 滑鱉屬
- 特 林蛇屬（棕樹蛇除外）
- 偽龜屬
- 圖龜屬3種（密西西比地圖龜、沃希托地圖龜、偽地圖龜）
- 食蛇龜
- 錦龜屬
- 特 斑龜（台灣龜）
- 豹紋壁虎
- 特 沙氏變色蜥
- 特 棕樹蛇
- 鱷龜屬

兩棲綱（13種）

- 特 海蟾蜍
- 特 美洲牛蛙
- 特 白頷樹蛙
- 中國大鯢
- 滑爪蟾
- 特 溫室蟾
- 特 古巴蕉蛙
- 特 多明尼加樹蛙
- 特 溫室卵齒蛙
- 特 亞洲錦蛙
- 特 蟾蜍屬（海蟾蜍除外）
- 黑眶蟾蜍
- 綠蟾蜍等蟾蜍屬5種（綠蟾蜍、北美綠蟾蜍、虎斑蟾蜍、濱岸蟾蜍、洛可蟾蜍）

魚綱（55種）

- 特 大口黑鱸
- 特 小口黑鱸
- 特 斑真鮰（美洲河鯰）
- 特 藍鰓太陽魚
- 特 大肚魚
- 高體鰟鮍
- 唐魚
- 青魚
- 豹紋翼甲鯰
- 蘭副雙邊魚
- 蟾鬍鯰
- 特 大鰭鱊
- 大鱗副泥鰍
- 莫三比克口孵非鯽
- 河鱒
- 孔雀魚
- 特 黃顙魚
- 鱅魚
- 九間始麗魚
- 齊氏非鯽
- 阿氏翼甲鯰
- 斑馬魚
- 草魚
- 劍尾魚
- 尼羅口孵非鯽
- 鰱魚
- 閃電斑馬魚
- 鬍子鯰
- 奧利亞口孵非鯽
- 牙漢魚
- 野翼甲鯰
- 虹鱒
- 鱒魚
- 湖鱒
- 特 雲斑鮰
- 特 北美闊嘴鯨
- 特 美洲狼鱸
- 特 梅花鱸
- 特 黑口新蝦虎魚
- 多輻翼甲鯰
- 特 雀鱔科
- 特 霍氏食蚊魚
- 特 鱖魚
- 特 斑鱖
- 特 銀花鱸魚
- 點非鯽
- 特 尼羅尖吻鱸
- 特 白斑狗魚
- 特 狗魚科
- 特 白梭吻鱸
- 特 金眼狼鱸
- 特 北美狗魚
- 特 歐鯰（歐洲巨鯰）
- 特 河鱸
- 盧倫真小鯉

昆蟲綱（20種）

- 特 熱帶火家蟻
- 特 阿根廷蟻
- 特 黃腳虎頭蜂
- 紅斑脈蛺蝶
- 新幾內亞甘蔗象鼻蟲
- 絲帶鳳蝶
- 特 桃紅頸天牛（紅頸天牛）
- 白點星花金龜台灣亞種（黑金龜）
- 黃胸錐腹蜾蠃
- 南洋長腳胡蜂（Ropalidia marginata）
- 琉璃粗腿金花蟲
- 特 歐洲熊蜂
- 非洲化蜜蜂（殺人蜂）
- 特 Euchirus屬
- 特 小火蟻
- 特 入侵紅火蟻（紅火蟻）
- 特 Propomacrus屬
- 獨角仙（外國種）
- 鍬形蟲（外國種）
- 特 長臂金龜屬（外國種）

蛛形綱（8種）

- 特 黑寡婦蜘蛛
- 特 紅背蜘蛛
- 特 幾何寇蛛
- 特 澳毒蛛屬（Atrax）
- 特 平甲蛛屬（Loxosceles）3種
- 特 間斑寇蛛等尚未入侵日本國內的寇蛛屬
- 特 Hadronyche屬
- 特 鉗蠍科

甲殼綱（15種）

- 克氏原螯蝦
- 特 信號小龍蝦
- 象牙藤壺（Amphibalanus eburneus）
- 北美藤壺
- 紋藤壺（Balanus glandula）
- 艾氏濱蟹

＊特：特定外來生物／＊未：未判定之外來生物

特 螯蝦屬
特 滑螯蝦屬
未 大理石紋螯蝦
特 絨螯蟹屬（外國產）
特 羅洛斯鏽斑螯蝦

佛羅里達淡水鉤蝦（Crangonyx floridanus）
海灣藤壺（Amphibalanus improvisus）
Dikerogammarus villosus
普通濱蟹

軟體動物（20種）

特 河殼菜蛤屬
非洲大蝸牛
特 玫瑰蝸牛
福壽螺
島嶼福壽螺
似殼菜蛤
大斷殼蝸牛
半褶織紋螺
斧形殼菜蛤
紐西蘭泥蝸
中華文蛤
拖鞋舟螺
河蜆
Pseudosuccinea columella
蚌蠣
大蛞蝓
綠殼菜蛤
地中海貽貝
特 斑馬貽貝
特 小斑馬似殼菜蛤

其他無脊椎動物（7種）

特 扁蟲
歐洲海鞘
華美盤管蟲
根管蟲（Ficopomatus enigmaticus）
松材線蟲
花蓮章氏馬陸
淡海櫛水母

源自日本 哺乳綱（6種）

日本鼬（伊豆群島等地）
貉（奥尻島、屋久島）
黃鼬（對馬以外）
日本貂（北海道、佐渡）
日本野豬（德之島等地）
日本梅花鹿（新島等地）

源自日本 爬蟲綱（5種）

琉球龍蜥（九州）
中華鱉（琉球列島）
日本石龍子（伊豆群島）
柴棺龜（沖繩群島及宮古群島）
琉球食蛇龜（沖繩群島）

源自日本 兩棲綱（2種）

日本蟾蜍（伊豆群島等地）
川村氏澤蛙（自關東以北及島嶼侵入的個體群）

源自日本 魚綱（4種）

川目少鱗鱖（近畿地方以東）
叉尾瘋鱨（九州西北部及東海、北陸地方以東）
真馬口鱲（琵琶湖、淀川以外）
麥穗魚（東北地方等）

源自日本 昆蟲綱（2種）

獨角仙日本亞種（北海道、沖繩）
日本花金龜（伊豆群島等）

源自日本 軟體動物（1種）

Laguncula pulchella（自然分布區域外）

跟日本獼猴長超像的另一種猴子

恆河猴

Macaca mulatta

危險度： 日本100 日本100 日本100

分　類：哺乳綱靈長目猴科

原產地：阿富汗東部～印度北部、東南亞西北部、中國南部等

體　長：50～60cm／尾　長：20～30cm

其　他：臉和臀部的紅色部分會在成年之後加深，進入繁殖期時還會變得更紅。有跟日本獼猴雜交的問題。

- 會結成30～50隻的群體在山地生活
- 晝行性，擅長爬樹，也很會游泳

我要製造小兒麻痺症疫苗，把你的腎臟給我。

臉 跟日本獼猴很像的紅臉

被全球各地的研究機構當成醫學和心理學的實驗動物飼養。
媽媽，動物實驗是什麼？

毛 背部是灰褐色，肚子是白色

- 已在千葉縣房總半島南部定居

尾 日本獼猴的尾巴很短，恆河猴的較長

- 雙手靈巧，懂得使用工具

隆隆隆隆隆隆隆……
地球好藍啊！

- 在美國曾代替人類被用於火箭運載實驗
- 環境適應力很強，在印度甚至會出現在市區

雜食性：果實、嫩葉、穀物、昆蟲、小動物、小鳥的蛋、農作物等

若雜交太嚴重，日本原生的獼猴便有滅絕危機

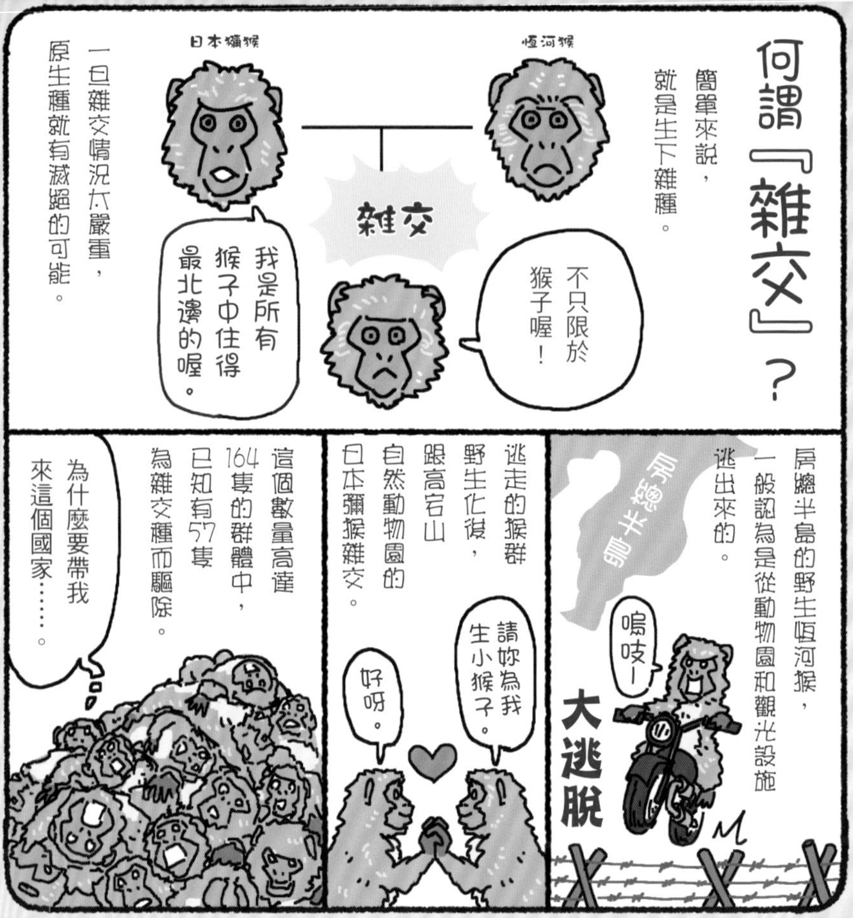
何謂『雜交』？
簡單來說，就是生下雜種。
恆河猴
日本獼猴
雜交
不只限於猴子喔！
我是所有猴子中住得最北邊的喔。
一旦雜交情況太嚴重，原生種就有滅絕的可能。
房總半島的野生恆河猴，一般認為是從動物園和觀光設施逃出來的。
房總半島
嗚吱ー！
大逃脫
逃走的猴群野生化後，跟高宕山自然動物園的日本獼猴雜交。
請妳為我生小猴子。
好呀。
這個數量高達164隻的群體中，已知有57隻為雜交種而驅除。
為什麼要帶我來這個國家……。

日本獼猴、恆河猴、台灣獼猴的區分法

除了恆河猴外，日本獼猴也有跟台灣獼猴雜交的問題。在和歌山，曾有30隻台灣獼猴從封閉的動物園中脫逃並野生化。目前已確認有跟日本獼猴雜交的情況。

外觀很相似，但尾巴不一樣

很短
略長
很長
日本獼猴
恆河猴
台灣獼猴

現實世界的猿蟹大戰

食蟹獼猴

Macaca fascicularis

危險度： 世界100 世界100 世界100

分　類：哺乳綱靈長目猴科
原產地：中南半島南部、緬甸、印尼、菲律賓
體　長：40～50㎝／尾　長：40～60㎝
其　他：本種和台灣獼猴等同屬（獼猴屬）的猴子，特別容易跟日本獼猴發生雜交，故被指定為特定外來生物。

日本獼猴
太長了吧?!
咦!真假?
那是尾巴?
短小
其實我的主食根本不是螃蟹……。
混蛋!我要替媽媽報仇!!
老哥啊~雙手靈巧代表逃脫能力也很強啊。
哼哼哼哼哼
鏘—

- 棲息在河邊或紅樹林等地

尾　非常長，幾乎等於或長於頭部到屁股的長度

頭　臉頰處有灰毛，智商很高，髮型也很時髦

- 被研究機構當成實驗動物
- 在模里西斯因會捕食原生鳥類的蛋和雛鳥導致其數量銳減
- 原先作為觀光資源而引進伊豆群島，卻因疏於管理而野生化，後於1995年前後被撲滅

手　靈巧到能徒手剝螃蟹

雜食性：主要以果物、樹葉、蕈類等植物為食，但也會吃魚類、甲殼類、鳥類的卵和雛鳥

危險度：○○○

分　類：哺乳綱靈長目猴科
原產地：南美洲
體　長：30～35cm／尾　長：35～40cm
其　他：曾因體型嬌小而成為人氣寵物，但在日本傳染症預防法修訂後已被限制進口。繼1949年的恆河猴後，於1958年成為第二種送上太空的靈長類。

日本的寵物店也買得到

松鼠猴

Saimiri sciureus

・晝行性，生活在潮濕的山地森林和紅樹林等地

體色 背部和手腳為黃褐色，腹部是白色

尾 比身體還長，尾端是黑色

咦？
我會傳染什麼嗎？
但我自己沒什麼事啊？

你怎麼了，阿拔仔！
別死啊！
你不可以死啊!!
你……別……

伊豆
你好，我是住在伊豆的松鼠猴。
伊豆半島和佛羅里達半島的形狀有點像呢。
U.S.A
這裡

・是對猴類具有致死性的病毒（Herpesvirus tamarinus，疱疹病毒的一種）媒介，但松鼠猴本身感染後卻沒有症狀

・在伊豆半島經常有目擊報告，但是否已定居仍不清楚

・體型雖小但十分活潑好動，因為不耐寒冷，飼養時需準備較大的空間和暖氣設備

・也侵入了美國的佛羅里達半島，並在此定居

雜食性：主要以水果和昆蟲等小動物為食，也會捕食鳥類的卵

適應能力超群的狐狸臉

刷尾負鼠

Trichosurus vulpecula

危險度： 世界100 世界100 世界100 世界100

分　類：哺乳綱雙門齒目袋貂科
原產地：澳洲
體　長：35～50㎝／尾　長：25～35㎝
其　他：常常被當成負鼠的一種，但其實跟負鼠屬於完全不同生物。刷尾負鼠所屬的袋貂科，以及經常被搞混的負鼠科，兩者都是特定外來生物。

- 夜行性，擅長爬樹，主要棲息於林地和平原

育兒袋

雌性跟袋鼠和無尾熊一樣會用育兒袋撫育幼獸

雖然我也是有袋生物，但可不是負鼠喔。

zzzzz

手

5隻手指上長有又大又尖的爪子

- 不會建造固定的巢穴，白天躲在樹洞等陰暗處
- 在原生地甚至會在公園和市區出沒

尾

可纏住物體的長尾巴

常常跟負鼠混淆

但我們完全不一樣！是不同種的生物!!
負鼠
刷尾負鼠
我的名字裡也有負鼠，所以常被當成同一種生物。

雜食性：主要以花、葉、果實等植物為食，但也會捕食昆蟲、鳥蛋、小動物

在紐西蘭定居後成為大麻煩

曾因為毛皮而在澳洲被獵殺的刷尾負鼠。
毛皮的保溫性超群。
真不錯！
那我也養一些來剝皮吧。
後來被紐西蘭引進。
結果牠們完全適應了當地，
尤加利葉真好吃！
嚼嚼嚼嚼
奇異鳥的蛋真美味！
我的孩子啊啊啊啊啊啊
咱們的適應力真強呢，
雖然會傳播牛結核病和線蟲就是了。
OH NO!
6000萬～7000萬隻
數量一口氣暴增後——
快點驅除！
在紐西蘭
驅除措施費用每年高達50億圓以上！
在澳洲
這邊卻因為狩獵過度而成為保育類動物……
人類真是自私又愚蠢呢——
真受不了

日本也曾一度當成寵物販賣

刷尾負鼠有段時間也曾在日本被當成寵物，但現在已被指定為特定外來生物，禁止飼養和販售。

目前我在日本沒有定居紀錄喔。
原寵物
我們倒是完全定居下來了說。
耶——

在澳洲甚至會住在民宅的天花板上，跟日本的浣熊問題很類似。假如真的引進的話，可想而知也會在日本出現同樣的現象。

不吃蛇反而狂吃瀕危物種

印度小貓鼬

Herpestes auropunctatus

危險度：日本100 世界100 日本100 世界100 日本100

分　類：哺乳綱食肉目獴科

原產地：中國南部、南亞、中東

體　長：25～37㎝／尾　長：19～29㎝

其　他：最初是近親種的紅頰獴因為在日本定居而被指定為特定外來生物，但後來發現定居的其實是印度小貓鼬後，才被追加進指定名單。

- 晝行性，喜歡相對溫暖的氣候，習慣獨居，可適應農地、草地、自然森林、海岸、市區等各種環境

我們是晝行性。
我們是夜行性。

- 繁殖期長，一年兩次，每次可生產2～3隻幼獸

要我驅蛇？為什麼？很危險耶。

尾

尾巴很長，根部粗、尾端細

- 已確認棲息於沖繩島、渡名喜島、奄美大島等地

臭腺

位於肛門附近，遇到危險時會發出惡臭

胴

跟黃鼠狼類似，細長而優雅

- 非常靈敏，生存能力高

牙

牙齒和爪子都很銳利

龜殼花vs貓鼬SHOW
撲通 撲通
緊張 刺激
雖然沒有能對抗蛇毒的抗體，但不想死就只能殺掉對方！
被幹掉前要先咬死你！

- 以前經常為了觀光目的被抓來表演跟龜殼花互鬥

雜食性：昆蟲、哺乳類、鳥類、爬蟲類、水果等，什麼都吃

因為動物學教授的善意而破壞了生態

沖繩的居民長年飽受龜殼花之苦。
呀~
我咬
1910年
好！引進貓鼬來對付龜殼花吧。
善意100%
動物學權威
東京帝國大學教授
渡瀨庄三郎博士
以前去印度出差時有看過貓鼬打敗眼鏡蛇！
然而……
嘶哈——
唔—嗯
……
扭頭
這邊的吃起來比較輕鬆。
稀有原生種
琉球兔
沖繩秧雞
咦——!!
結果貓鼬變成了狂吃瀕危物種、家畜、農作物的外來害獸。
嗶吱
嗶吱
嗶吱
引進前拜託先好好調查啊……。
現在政府得花上數億日圓的稅金以沒效率的方法驅除。

龜殼花在外面亂跑的時候，貓鼬都在巢裡呼呼大睡

話說回來，晝行性的貓鼬，在夜行性的龜殼花外出活動時，根本都在巢裡呼呼大睡，所以牠們很少獵捕龜殼花。相反地，原本就數量稀少的原生物種變成了獵物，數量因而銳減。此外農民養的雞和農作物也受到相當大的損害，近年更在鹿兒島上發現了牠們的蹤跡。

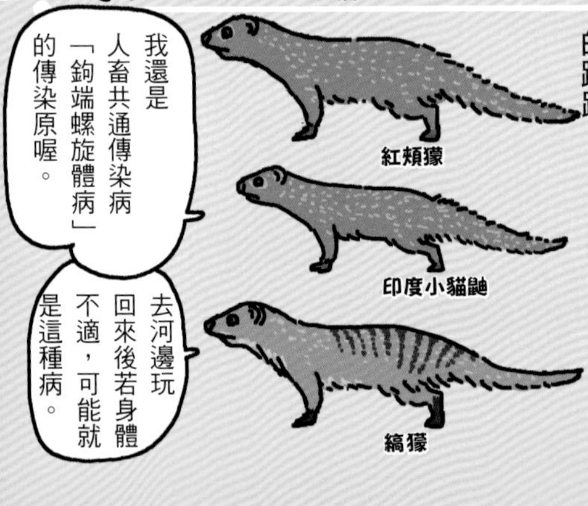
我還是人畜共通傳染病「鉤端螺旋體病」的傳染原喔。
紅頰獴
印度小貓鼬
去河邊玩回來後若身體不適，可能就是這種病。
縞獴

不會洗東西，也不是熊！

浣熊

Procyon lotor

危險度： 日本100 日本100 日本100 日本100 日本100

分　類：哺乳綱食肉目浣熊科

原產地：加拿大南部～巴拿馬

體　長：40～60cm／尾　長：20～40cm

其　他：已遍布日本全國，對農業和文化財產造成嚴重損害。同科的食蟹浣熊（中南美）也被指定為定居預防外來種。

動畫裡的小浣熊RASCAL是「惡棍」的意思喔！

・夜行性，喜歡在水邊出沒，擅長爬樹和游泳

臉 雖然類似日本狸，但臉的正中央有黑色的直條紋

狸貓？
我才不是狸貓!!

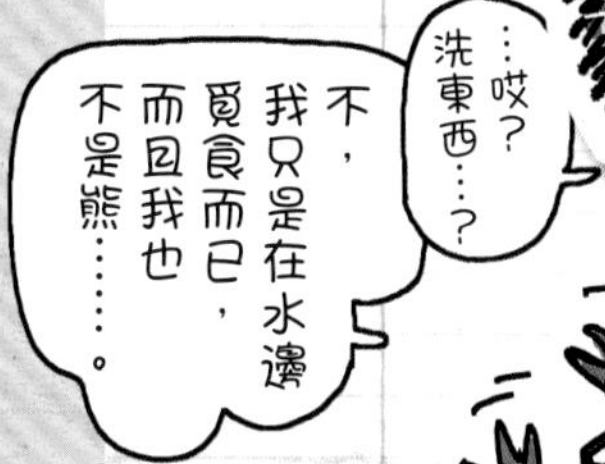
…哎？洗東西…？
不，我只是在水邊覓食而已，而且我也不是熊……。

腦 智商非常高，學習能力也很強

前腳 有能抓握的5根手指，跟人類的手很像，十分靈巧

尾 有4～7條顯眼的橫紋

門鎖也轉得開！
我會開門喔！

・會在市區和民宅的屋頂下築巢，從垃圾堆裡找食物，可適應各種環境

天哪喵～
連貓咪也能吃喔！

雜食性：小動物、魚類、烏龜、青蛙、甲殼類、昆蟲、廚餘、水果、農作物、動物死屍，換言之什麼都能吃

可愛的浣熊其實是超兇暴的野生動物！

浣熊在1970年代因電視卡通而爆紅。
北美原產
被引進日本當成寵物。
幼獸的浣熊很親近人，飼養難度也低。
啾—…
好可愛！
然而牠們不是寵物，而是野生動物!!
成年後便性情大變，充滿攻擊性。
嘶—!!
跟外表完全不一樣!!
結果陸續出現應付不來而棄養的飼主。
堅強地活下去吧。
人類真自私啊!!
咻—
之後，浣熊們野生化，在全日本大繁殖。
從一歲起就能繁殖，一次能生5、6隻喔！
我負責刮爛重要文化財！
嘎嘎嘎—
我負責吃光稀有原生種！
我負責破壞農作物！
啪哩
啪哩
那我負責傳播病原菌！

在大都市翻垃圾的寵物們

因為在山野和農田破壞農作而遭到驅除的浣熊們，也搬進了都市區。2018年一隻浣熊在東京、赤坂出沒，引發大騷動，但牠只不過冰山一角罷了。

不僅被人類帶到陌生的國家，還因為不好養就被丟棄，
拚命適應了環境後，又變成人人追殺的對象，
在日本出生的我們在原產國也被當成外來種，早已回不去，
當初為什麼要買賣？為什麼允許進口呢？
如果這種事發生在你身上你會做何感想？
垃圾袋

危險度：○

分　類：哺乳綱真盲缺目蝟科
原產地：歐洲、中東、東亞、東北亞
體　長：23～37cm／尾　長：3～4cm
其　他：別名黑龍江刺蝟。跟西歐刺蝟等蝟屬親戚都被指定為特定外來生物。但被當成寵物買賣的白腹刺猬不在指定名單上。

滿身是刺的人氣動物

東北刺蝟

Erinaceus amurensis

- 夜行性，棲息於草地、林邊、農地、濕地
- 雖然不喜歡水，但擅長游泳，也會爬樹

咦
在日文裡雖然叫針鼠
但血緣上其實更接近鼴鼠喔。

臉

有跟鼴鼠一樣的尖鼻和圓眼睛

別愛上我喔，愛上我可是會受傷的。

針

背部覆蓋著硬針保護身體

褐色脂肪

擁有含有大量油脂，名為休眠腺的黑褐色腺體，可用20倍的速度釋放熱量，在冬眠時保持溫暖

腳

腳乍看很短小，其實意外地長，而且跑很快

好可愛
哼—哼—
唰鏘！
先威嚇
針球型態
變形！

- 視力不好，但嗅覺、聽覺很敏銳
- 感知到危險會豎起尖刺威嚇，如果受到更大驚嚇，則會變成針球狀

肉食性：主食為蝸牛、蛞蝓、昆蟲、蚯蚓等，但也吃老鼠、青蛙、蛇、鳥類的卵、水果等

已經在靜岡縣、神奈川縣定居！

不知是自己脫逃的，
再會啦！
咻—
還是被人棄養的，
我不想養了。
丟
人類真是自私！
噠
又或者兩者都有呢……
目前已在靜岡、神奈川縣定居。
沙沙
沙沙
驚訝！
東北刺蝟（黑龍江刺蝟）
又發現啦！
在岩手、栃木、長野、福井也有目擊情報。
沙沙
結果，東北刺蝟、西歐刺蝟、東歐刺蝟3種被指定為特定外來生物。
西歐刺蝟（歐洲刺蝟）
東歐刺蝟
我會吃蚯蚓、昆蟲、鳥蛋、雛鳥等東西。

當初因為可愛才養，就該負起責任照顧到死

現在日本可在寵物店買賣的刺蝟只有白腹刺猬。除非有絕對不會讓牠逃跑的自信，而且有將其照顧到死的責任心，否則不可以飼養。

你已經做好覺悟了嗎？
後腳有4隻腳趾
白腹刺蝟

在英國會住在樹籬內，被認為會替人們背送幸福，受到當地人喜愛。

東北刺蝟在日本雖然被叫做針鼠，但跟鼴鼠一樣是食蟲類。

日本寵物店賣的松鼠是哪一種？

歐亞紅松鼠

Sciurus vulgaris

危險度：〇〇〇

分　類：哺乳綱囓齒目松鼠科
原產地：歐亞大陸北部
體　長：22～27cm／尾　長：16～20cm
其　他：歐亞紅松鼠若在北海道定居，則非常有可能跟亞種的蝦夷松鼠雜交。另外以世界百大外來種的灰松鼠為首，松鼠科很多種類都是特定外來生物。

- 晝行性，棲息於常綠針葉樹林，在都市也能生存
- 主要住在樹上，不會冬眠，會把種子埋在土裡過冬

沙
沙
沙
奇怪?! 應該是在這附近啊！
有時會忘記埋在哪裡。

耳　三角形，有蓬鬆的大耳毛

蝦夷松鼠？
不，我是歐亞紅松鼠喔？

- 每年可繁殖1～2次，一次可生3～7隻子代

尾　蓬鬆且很長

毛色　夏天是紅褐色，冬天是灰褐色，肚子是白色

夏天版
今年夏天就穿這個顏色吧！
什麼今年，每年都是這顏色吧？
而且大家顏色都一樣。

其實是歐亞紅松鼠。
蝦夷松鼠
跟我們長很像呢。
要不要雜交看看呢。
日本松鼠

- 可預期會跟原生種競爭、雜交
- 在日本的寵物店被當成蝦夷松鼠販賣
- 是家畜傳染病、蟎類攜帶的回歸熱等的傳染媒介

雜食性：堅果、草種、蕈類、昆蟲等

作為寵物引進後又被棄養的松鼠們

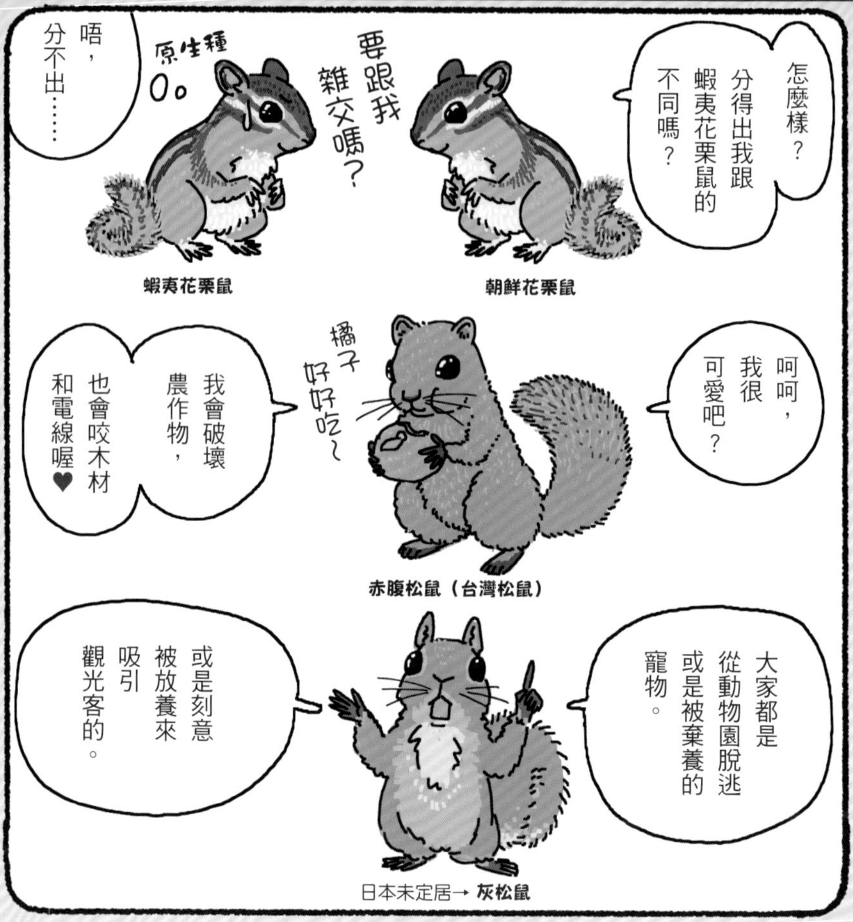
原生種
Oo
要跟我雜交嗎？
唔，分不出……
怎麼樣？分得出我跟蝦夷花栗鼠的不同嗎？
蝦夷花栗鼠
朝鮮花栗鼠
呵呵，我很可愛吧？
橘子好好吃～
我會破壞農作物，也會咬木材和電線喔♥
赤腹松鼠（台灣松鼠）
大家都是從動物園脫逃或是被棄養的寵物。
或是刻意被放養來吸引觀光客的。
日本未定居→ 灰松鼠

數量銳減的日本松鼠

日本原生的松鼠，有蝦夷松鼠、蝦夷花栗鼠、日本松鼠這三種。棲息在本州以南的日本松鼠因森林數量減少，以及受外來種松鼠分布擴大的影響，棲息範圍大幅縮小。

快要撐不住了？
九州地區自70年代以後便沒有捕獲案例，被認為已經滅絕。
在廣島縣則已被列為滅絕種。
日本松鼠

抗壓性低的滑翔愛好者

小飛鼠

Pteromys volans

危險度：◯◯

分　類：哺乳綱齧齒目松鼠科
原產地：歐亞大陸北部
體　長：15～20㎝／尾　長：10～12㎝
其　他：整體成灰褐色，腹部為白色，定居之後有與亞種的蝦夷飛鼠雜交的可能。另外，飛鼠的滑翔能力可達到20～30m。

- **夜行性，從平地到山地的森林皆可棲息，習慣在樹上活動**
- **白天大多躲在樹洞內的巢穴**

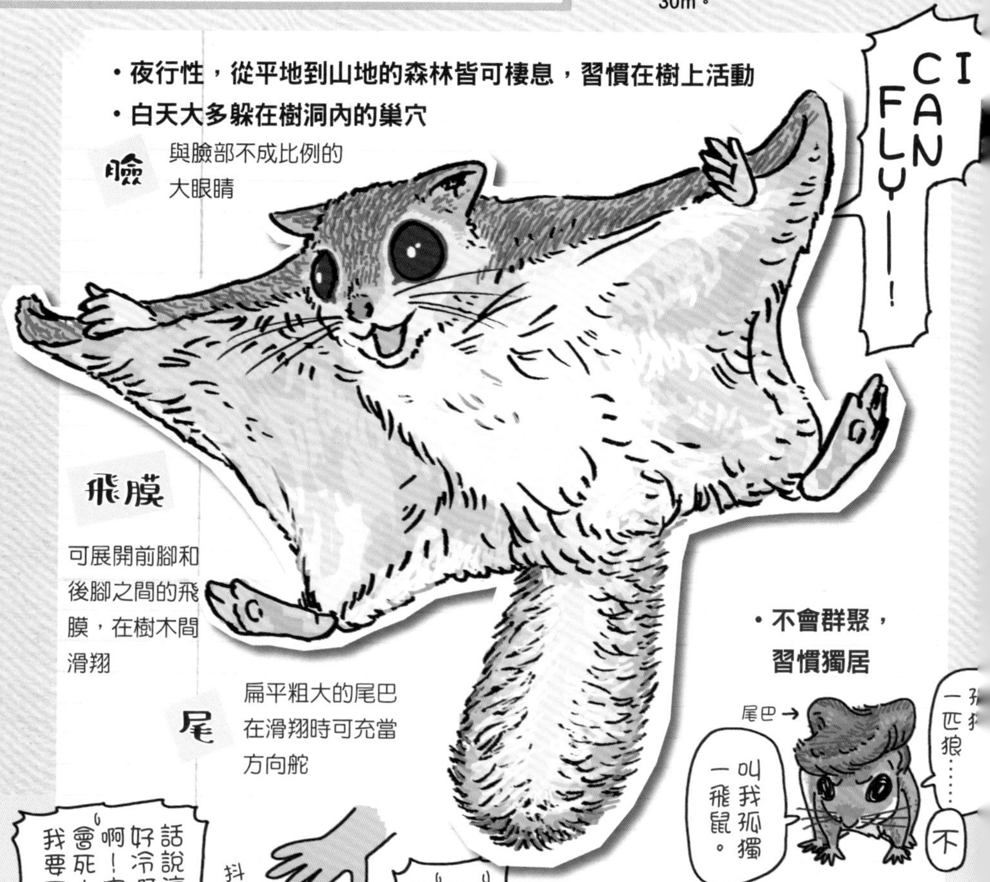
I CAN FLY——!

臉　與臉部不成比例的大眼睛

飛膜　可展開前腳和後腳之間的飛膜，在樹木間滑翔

尾　扁平粗大的尾巴在滑翔時可充當方向舵

- **不會群聚，習慣獨居**

尾巴→
叫我孤獨一飛鼠。
一匹狼……
不

話說這裡好冷啊！「啊！完了，會死！」我要死了！！
抖抖
抖抖
抖抖
「你這傢伙是誰！！別過來！」

- **不僅性格膽小、神經質，不易親近，還很不耐急遽的溫度變化，而且抗壓力也很低**
- **由於非常不適應環境變化，所以常常養一養就死掉**

草食性：以闊葉樹的樹葉、嫩芽、花、果、種子、蕈類等為食

悲戀！不被允許結合的兩個亞種

以前在日本原有三種飛鼠在市面上流通。
我是有袋類，雙門齒目袋鼯科袋鼯屬。
蜜袋鼯
我是齧齒目松鼠科，美洲飛鼠屬。
南方鼯鼠
我是齧齒目松鼠科，歐亞飛鼠屬。
小飛鼠
然而北海道的原生種蝦夷飛鼠，也跟小飛鼠一樣是齧齒目松鼠科，歐亞飛鼠屬。
應該說我其實是小飛鼠的亞種喔。
圓滾滾
蝦夷飛鼠
因為逃脫的話有定居、雜交的可能，所以小飛鼠很快被指定為特定外來種，禁止販賣、轉讓。
蝦夷！我願意為了你而飛！
不行啊，小飛鼠。
我們是不可以見面的啊……
啊啊小飛鼠，為什麼你是小飛鼠呢？

原生種的日本矮飛鼠與超可愛的蝦夷飛鼠

蝦夷飛鼠
我跟日本矮飛鼠雖然是近親，但不是同種。
我是北海道的蝦夷飛鼠。
明明比我嬌小，眼睛卻好大啊。
我是住在本州、四國、九州的日本特有種，日本矮飛鼠。
日本矮飛鼠
白頰鼯鼠

在日本有兩種原生的飛鼠，但都因為森林開發而導致數量減少。

台灣已無野生個體，在日本卻是外來種

台灣梅花鹿

Cervus nippon taiouanus

危險度：○○○

分　類：哺乳綱偶蹄目鹿科
原產地：台灣、中南半島
體　長：90～150cm／肩　高：60～100cm
其　他：由於身體上的白斑點形狀很像梅花，故得此名。為梅花鹿的亞種之一。雄鹿的角每年春天會脫落，然後用一年的時間重新長回來。

角

只有雄性有角

這可不是一句沒辦法就能了事。
給我反省。

- **梅花鹿的亞種，台灣的原生種**
- **台灣的野生個體在60年代後半滅絕**

為了鹿角和鹿肉而被濫殺。
如此如此
砰—！
真假！

棲息地被開發成農地。
這般這般
隆隆隆隆
真假！

體

日本梅花鹿的斑點到冬天就會消失，但台灣梅花鹿的斑點到冬天依然存在

- **只有在日本動物園飼育的個體被重新引進南台灣的國家公園**

台灣梅花鹿復活計畫
立刻開始著手執行。

- **外觀跟日本梅花鹿很像**

草食性：樹葉、草類、樹皮、樹果、花等各種植物

飄洋過海的台灣梅花鹿與日本梅花鹿雜交

戰後，在和歌山縣的友島曾有台灣梅花鹿被野放的紀錄……
據說是為了觀光目的。
現在約有50頭棲息於此。
大阪
淡路島
這一帶的無人島群
四國
和歌山
但是!!
在對岸的大阪府泉南郡岬町，卻捕捉到了台灣梅花鹿與日本梅花鹿雜交的個體。
岬町
友島
也曾有民眾目擊有梅花鹿泳渡這片海域。
!?
反正近在眼前……。
其實是游泳健將的梅花鹿

另一方面，日本梅花鹿卻在國內外變成燙手山芋

二戰之後，日本的梅花鹿一度因為濫捕而數量銳減，甚至瀕臨滅絕；但如今卻繁殖過度，反而被當成害獸。

而國外當初為了狩獵而引進的梅花鹿也數量暴增，有跟原生種雜交的風險。

畢竟日本狼都被人類滅絕了嘛。
沒有天敵，繁殖力又強，草木又能吃到飽。
咀嚼咀嚼
當初擅自把我們帶來的可是人類啊。

足以改變地貌的無盡食慾！

山羊（野山羊）

Capra aegagrus hircus

危險度： 世界100 世界100 世界100

分　類：哺乳綱偶蹄目牛科

原產地：瑞士、土耳其、北非、中東、印度等

肩　高：40～100cm

其　他：綿羊的近親，有許多品種的家畜。毛、乳、肉、皮皆可利用，擁有可生長在荒地和高地的強健身軀。

角 不論雌雄，幾乎所有品種都有角

你手裡那封信，
我可以吃嗎？

咻——
嚼嚼
嚼嚼
…好像吃過頭了嗎？

齒 能從土裡鏟出樹根的牙齒，非常適合吃草，但吃過頭的話會導致土地沙漠化

胃 請不要讓山羊吃紙，這會傷害牠們的腸胃。

咦，是這樣嗎?!
咀嚼
給小白

- **可生活在荒地和山地，又被稱為「窮人的乳牛」**
- **在大航海時代會養在船上當成糧食**
- **在離島上會吃光當地植物，改變地貌**
- **近年被當成生物除草機，在人手不足的小鎮和鄉村大受歡迎**

蹄 分成兩半的蹄連斷崖絕壁也能如履平地

草食性：從樹木和草的葉子、嫩芽、樹皮、樹根，基本上能入口的什麼都吃

超群的繁殖力連草根也能一掃而盡

山羊自古在中國和朝鮮便被當成家畜。
很久很久以前咩～。
是被當成肉類咩～。
至近代被伊豆群島、釣魚臺列嶼（尖閣群島）上的居民引進後野生化。
15世紀前後
而在環境被破壞最嚴重的小笠原群島，最先把山羊帶上陸的則是那位有名的美國海軍提督培里。
快點把國門打開～。
產乳用的咩～
由於沒有天敵，山羊一口氣繁殖。
1853年
最後所有表土的植物都被吃得精光。
我呀！要把島上的植物全部吃掉！
我也是！
嚼嚼
嚼嚼
那我就來把草皮全部踩死！
導致土壤流失進大海，珊瑚也死了。

趕走山羊後換成外來的歸化植物稱霸！！

小笠原群島在東京都政府的推動下，於1997年開始剷除島上山羊，現在只剩父島上還有山羊的蹤跡。

喂，那些會吃我們的傢伙不見了耶。
太棒了!!
鴨姆草
銀合歡

可是，之後卻換成被山羊吃掉的外來歸化植物在島上稱霸。

破壞農作物的搗蛋鬼

山羌

Muntiacus reevesi

危險度：〇〇〇

分　類：哺乳綱偶蹄目鹿科

原產地：中國東南部、台灣

體　長：100cm以下／肩　高：50～60cm

其　他：眼角下有名為眼腺的分泌口，因為看起來很像另一對眼睛，所以又叫四眼鹿。習慣獨居在森林，出生後1年即成年。全年皆可繁殖。

- 少數個體逃出動物園，在房總半島南部和伊豆大島定居
- 屬於小型鹿的一種，體高約50～60公分

角
只有雄鹿有，每年替換一次
頭
有條從眼睛上方到頭頂的黑線
眼下腺
會把分泌物塗抹在樹幹上劃分地盤
我可不是梅花鹿的小孩喔。
牙
雄鹿的犬齒會像吸血鬼一樣外露
討厭，怎麼辦，我又戀愛了？♥
嗷——嗷——
啊，山羌在叫。
好吵喔
喂。
【雄】
叫聲很獨特
【雌】

- 農作物天敵，農民的煩惱之源
- 擁有驚異的繁殖力，全年皆可繁殖，生產後可馬上繼續繁殖

草食性：樹葉、水果、水稻、番茄、明日葉等農作物全都來者不拒

野外滅絕的特定外來種

麋鹿

Elaphurus davidianus

危險度：○

分　類：哺乳綱偶蹄目鹿科

原產地：中國北部、中部

體　長：183～216cm／肩　高：105～137cm

其　他：即中國奇書之一《封神演義》的主角姜子牙騎乘的神獸，四不像。雖被指定為特定外來生物，但野生麋鹿卻已滅絕。

- 喜歡沼澤和溼地，也擅長游泳
- 被古人認為神似四種動物，但又不屬於任何一種，所以被稱為「四不像」。至於是哪四種則眾說紛紜

日文名稱有象卻又不是象的鹿，猜猜是什麼？

角　又粗又壯，形狀類似鹿，但因為都是鹿科所以也很理所當然

頭　被認為臉型像馬或鼻子像鹿，不過還是鹿

體　被認為頭形像駱駝，身體和尾巴像驢，但還是鹿

蹄　巨大且左右分叉的蹄被認為像牛，但果然就是鹿

蹄像牛。
那個頭應該是馬吧。
身體完全是驢啊。
不，就說了牠是鹿啦。

…大自然？
那是啥
可以吃嗎？
麋鹿

- 在飼育環境下有跟其他鹿科雜交的案例
- 在自然界已絕種，現在只能在動物園看到

草食性：草、水生植物等

長得像水豚的巨型老鼠!!

海狸鼠

Myocastor coypus

危險度： 日本100 世界100

分　類：哺乳綱囓齒目海狸鼠科

原產地：南美

體　長：50～70cm／尾　長：30～40cm

其　他：常被錯認為水豚，但水豚的前腳無法抓握，而海狸鼠的前腳卻能靈活抓物。真要說的話，海狸鼠更像是巨型的老鼠。

- 棲息在河川、湖泊等水邊，會在河堤或堤防上挖巢
- 夜行性，但有時也會在白天活動

網路上傳說我的肉非常好吃！
富含蛋白質又低脂肪！

臉 只有臉長得像水豚，但有白色的長鬍鬚

齒 橘色的巨大門牙

畢竟我是老鼠的親戚，長得像也是理所當然的。

前腳 手指發達可以抓握物體

毛 底下的毛具有防水性，柔軟而質佳

後腳 有蹼，擅長游泳

尾 長長的圓筒狀，跟家鼠很像

叫做麝鼠，也請多多指教。
我是長得很像的外來種
麝鼠

- 每年平均生產2～3次，壽命約5～6年

草食性：以鳳眼藍、蘆葦、薹草、寬葉香蒲、茭白筍等水生植物為中心，會吃各種植物。但也會捕食昆蟲、貝類

為了毛皮而引進，結果養殖場卻倒閉

海狸鼠原本是養來生產軍服用的毛皮。
海狸鼠養殖場
關閉
但戰後毛皮需求減少。
現在不需要你了。
丟
人類真是自私啊！
我要野生化活下去。
游游～
我會吃水草和農作物。
咬咬
咬咬
瀕危物種
玳瑁斑蜻蜓
!!
啊啊！我的家啊！
我會在堤防和河堤上挖洞築巢。
唰啦
唰啦
直徑20～30cm
長1～6m
河堤的結構好像會受損還什麼的，我才不管那麼多。

雖然乍看很相似，但跟水豚有很多不同

社群網路上偶爾會看到「我家附近出現水豚了！」的發文，但那其實是海狸鼠。

你長得有點像寶可夢耶。
幾乎沒有尾巴
牙齒很白
水豚
你跟我半斤八兩吧。
牙齒是橘色
圓筒狀的尾巴
海狸鼠
放在一起看還真的有點像。
尾巴側扁
麝鼠

外來種？還是原生種？

果子貍

Paguma larvata

危險度：◯◯◯◯◯

分　類：哺乳綱食肉目靈貓科

原產地：中國南部、台灣、馬來半島、南亞、蘇門答臘、婆羅洲

體　長：61～66cm／尾　長：40cm左右

其　他：日本唯一的靈貓科生物。雖然被認為是外來種，但也有可能是原生種，目前仍未有定論。

- 夜行性，白天會躲在樹洞、岩穴、民宅的屋頂下、屋簷下的巢穴休息
- 擅長爬樹，大多時候都在樹上度過

臉
鼻梁上有白線，眼睛的上方和下方也是白色的
我是港區出身的，所以在山上看不到我。
OH！城市男孩。
狸貓
也曾被目擊站在電線上
尾
跟身體差不多長
臭腺
會分泌臭液威嚇敵人
為了生產毛皮而從台灣、中國引進養殖，導致戰後數量大增，但後來卻脫逃或被棄養。

- 於都會區繁殖並在民宅內築巢的話，會造成噪音以及糞尿的惡臭問題
- 也會吃庭院種的水果和農作物

優良住宅
庭院裡長有果樹的空民宅最棒了。

雜食性：水果、種子、昆蟲、鳥類及鳥的卵、小動物、魚類、廚餘等

你看到的是哪種？外形相似的動物區分法

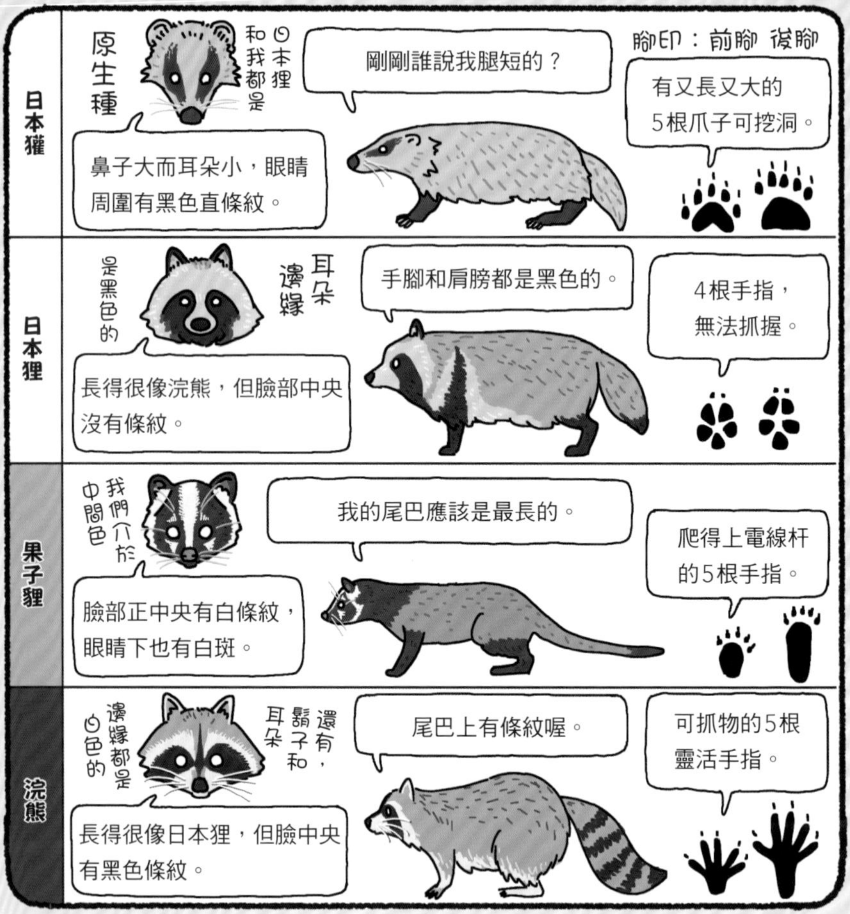

日本獾
原生種
日本狸和我都是
剛剛誰說我腿短的？
腳印：前腳 後腳
有又長又大的5根爪子可挖洞。
鼻子大而耳朵小，眼睛周圍有黑色直條紋。
日本狸
是黑色的
耳朵邊緣
手腳和肩膀都是黑色的。
4根手指，無法抓握。
長得很像浣熊，但臉部中央沒有條紋。
果子貍
我們介於中間色
我的尾巴應該是最長的。
爬得上電線杆的5根手指。
臉部正中央有白條紋，眼睛下也有白斑。
浣熊
還有，鬍子和耳朵
邊緣都是白色的
尾巴上有條紋喔。
可抓物的5根靈活手指。
長得很像日本狸，但臉中央有黑色條紋。

有可能是外來種也有可能是原生種，傻傻分不清

是外來種吧？戰爭時好像有進口，
江戶時代也有從外國引進的紀錄。
可是在外國找不到跟日本果子貍一樣的品種。
…咦？也就是說？
老夫從明治時代就知道果子貍了喔。
呃！我可能是原生種？

要將果子貍斷定為外來種，還需要進一步研究和調查。萬一貿然驅除，結果卻是原生種的話，就後悔莫及了。

可愛卻難搞的危險分子

矇眼貂

Mustela putorius

危險度：◯◯

分　類：哺乳綱食肉目鼬科

原產地：歐洲

體　長：35～50cm／尾　長：7～10cm

其　他：從歐洲貂改良而來的家畜化品種。擁有俗稱「黃鼠狼最後一屁」的絕招，一旦感知到危險，就會從尾巴根部噴出帶有強烈臭氣的分泌物。

・大量進口後變成寵物，有的逃跑有的被棄養，後在野外被發現，有捕食原生種的可能性

解說一下！
我們矇眼貂
其實是經過
手術改造後
才變成寵物的！

牙

上下的犬齒非常銳利，喜歡咬東西

・未動過手術的雌體，直到交尾前都會持續發情

快住手啊啊！
你要對我做什麼!!
從今天開始，
你就是人類的寵物了。

・日本國內流通的個體一般都經過去勢、避孕、摘除臭腺的手術，但仍有可能存在未經手術的個體

・無法交配的雌獸會因賀爾蒙異常而有雌激素過剩的疾病，雄獸則會變得性情凶暴

汗腺

完全沒有汗腺，所以非常怕熱

摸摸一
焦躁難耐
慾火焚身
交配
交配
交配
我咬
呀！

肛門腺

尾巴根部會噴出很臭的分泌物

肉食：青蛙、蛇、魚類、昆蟲、鳥類的卵等

在外國曾有寵物的矇眼貂咬傷幼兒手指和臉的案例。

危險度：〇〇〇

分　類：哺乳綱食肉目鼬科
原產地：北美
體　長：36～45㎝／尾　長：30～36㎝
其　他：分布於北海道全境，喜歡海岸等水邊。1960年代中期在日本定居，攻擊性奇高，隨便向牠們伸手的話可能會被咬。

因為養殖場鬆散管理而大逃脫

美洲水貂

Mustela vison

- 雖是夜行性，白天也會活動
- 因生產毛皮的用途而引進至北海道、長野、福島、新潟等地的飼育場。然而在逃脫、遭遺棄之後野化，甚至侵入世界自然遺產的北海道知床

嘻嘻嘻嘻嘻嘻
一件大衣要用掉30隻水貂。

臉 跟水獺有著相似的小圓臉和圓耳，牙齒尖銳

在被剝皮前成功逃出來了。

爪 爪子很銳利，會捕捉香魚和山女鱒

毛 有青灰色等各種顏色，但野生的個體大多呈褐色

- 棲息於海岸、海川、湖泊等水岸，擅長游泳，成獸一天要吃掉200～300g的魚
- 在北海道的白鼬已被本種和其他掠食者逼至滅絕邊緣

毛皮熱潮結束後就破產了。
你們沒用了
耶──，太好啦!!
咻──

肉食：小型哺乳類、鳥類、甲殼類、香魚等魚類、兩棲類，當然也會大啖日本日本黑螯蝦和丹頂鶴雛鳥等稀有原生種

外來種華麗部門No.1

藍孔雀

Pavo cristatus

危險度：○○○

分　類：鳥綱雞形目雉科
原產地：印度、斯里蘭卡、巴基斯坦、孟加拉等
全　長：雄180～230cm／雌90～100cm
其　他：一夫多妻制，白天在地面活動，夜晚則在樹上休息。雌性的尾羽比較不發達，但同樣可以張開。

・棲息在平地的森林、山林、或旱田等固定範圍，在白天外出活動

胸　有華麗的金屬光澤，醒目的藍色

冠羽　青綠色，可像扇子一樣打開

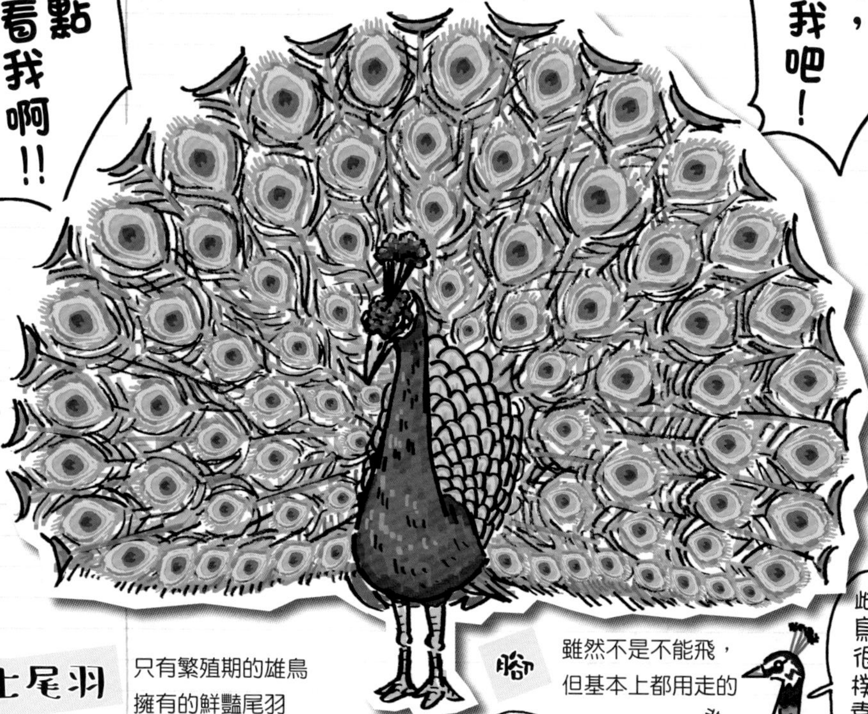
快點看看我啊!!
來，看我吧！

上尾羽　只有繁殖期的雄鳥擁有的鮮豔尾羽

腳　雖然不是不能飛，但基本上都用走的

背面
你說誰是衛星天線，啊？
雌鳥很樸素。

・除了對雌鳥求愛，對其他鳥宣示自己存在時也會張開羽毛

・2～3年可成年，壽命約達20年

雜食性：昆蟲、蜘蛛、蝸牛、小型爬蟲類（蜥蜴、蛇等）、小型哺乳類、植物的葉子、嫩芽、種子、農作物，也會搶家畜的飼料

引進度假區後卻大脫逃！

最初被引進養在沖繩縣新城島的飯店。
繁殖太多了，送給你們觀賞用。
1979年
後來被送給小濱島的度假區。
但因為管理太鬆散，
再會啦！
啪唰——
嗶喲——
啊～啊～！
結果在颱風時脫逃。
後逃至八重山群島各地野生化。
沖繩縣 八重山群島
鳩間島
石垣島
西表島
小濱島
竹富島
黑島
新城島
波照間島
與那國島
★氣候與原產地相近！
★沒有天敵！
★食物豐富！
簡直是天堂！
這個地方太棒了！
哎呀～這裡的蜥蜴和蟲子太好吃了～。
先島草蜥
還有農作物。
牛飼料也很好吃喔。
啄
啄
我的飼料……
結果導致八重山地區的原生小動物數量銳減。

因為人類的錯誤而遭撲殺的藍孔雀

目前小濱島、新城島、黑島等地已開始展開驅除行動，但要完全消滅還有很長一段路要走。驅除——說穿了其實就是動用人力和財力，運用各種手段撲殺生物。當初把孔雀帶進新城島的人類，以及之後疏忽管理的人都要負很大的責任。

本以為是天堂，沒想到是地獄……。

不只是沖繩，在福島、埼玉、滋賀、三重、愛媛等縣，以及香川縣小豆島等地也有孔雀入侵。

特定外來生物，日本最早的根絕案例

加拿大雁

Branta canadensis

危險度：

分　類：鳥綱鴨目鴨科

原產地：北美

全　長：～110㎝

其　他：大型候鳥，鴨子的親戚。跟小加拿大雁一樣喉嚨是白色的。2015年末已公布完全驅除，但仍有重新定居的可能，所以依然在指定名單上。

- **於原產地會在北方度過夏天，到南方過冬的候鳥**

遷徙？太麻煩了吧？
我們決定在這裡定居了。
反正人類會給我們吃的。
咦？根絕？
吭——！
可惡，連能幫我吐槽的對象都沒有!!*
吭吭——！
頸
黑色修長的脖子跟白色的胴體顏色分明
臉
喙很長，臉頰有白帶
腳
一如其他水鳥，色黑，擅長划水

- **在湖沼、水田等水邊棲息，會成群結隊定居在公園或高爾夫球場，也會在住宅區棲息**
- **天敵有狐狸、郊狼、浣熊等**

草食性：水草的根、莖、葉、果實。冬天時也會吃穀類、海藻

吭～
現在受打擊時會用這個說法的人已經很少了喔。

＊日文中形容心理深受打擊時的效果音跟雁的叫聲類似。

加拿大雁於2015年時在日本根除

日本的野生加拿大雁一般認為來自從養殖地逃亡的個體。
從2隻繁殖成100隻?!
吭—
破壞農作和糞尿汙染。
我的大便超多喔。
吭—
因為有跟原生的小加拿大雁雜交的疑慮，故展開驅除。
啪唰
你要做什麼——!!
啪唰
捕捉成鳥
我的蛋被換掉了！
吭—
替換假卵
2015年12月，日本境內已確認的所有個體皆驅除完畢，成為日本首宗的根除案例。
然後大家都消失了。
吭吭—
但仍可能有尚未掌握的個體存在。

古時候來到日本的小加拿大雁

在古代從外地遷徙到日本的小加拿大雁，因為人類為了生產毛皮，在繁殖地的千島列島和阿留申群島野放天敵的狐狸，導致牠們數量銳減。目前已瀕臨滅絕。

來！看仔細了！長得不一樣吧！
脖子和喙都較短
脖子有圈白輪
胸部為灰褐色
比加拿大雁小

小加拿大雁

然而，在保育團體的復育計畫下，數量正慢慢恢復。

不起眼又吵人的問題兒

畫眉

Garrulax canorus

危險度： 日本100 日本100 日本100 日本100

分　類：鳥綱雀形目畫眉科

原產地：中國中・西・南部、台灣、寮國東北部、越南北部

全　長：20～25㎝

其　他：叫聲優美，會模仿日本樹鶯的叫聲，日本在江戶時代從中國引進，被當成寵物。

- 棲息在從平地到丘陵的林地，喜歡草叢
- 主要在地面行走活動，不太會飛高

喂！
是誰？
居然嫌我
不起眼又吵?!
名字和叫聲
都很優美，
還會模仿
其他鳥的
叫聲喔。

眼

眼睛周圍有條延伸至腦後的白斑，故得名「畫眉」

體色

整體呈黃褐色，
尾羽略黑

雖然是美聲
但嗓門超大…

原生種 赤腹鶇

- 由於習慣在地面覓食，所以不易在積雪量高的地區謀生
- 叫聲響亮清脆，在中國深受歡迎

雜食性：昆蟲、水果、青蛙等小動物

這前面
沒有食物。
啾啾嗶—
雪白一片

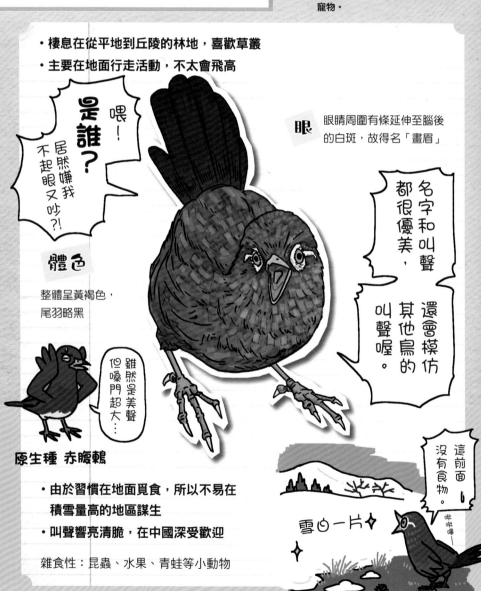

養鳥熱潮過後突然開始野生化

因為叫聲優美而在中國深受喜愛。
常常被養來觀賞。
自江戶時代開始出現引進的紀錄。
但不知為何突然野生化，最初在北九州野外被目擊，
啾—
1980年代
在九州北部一口氣擴散，1990年時擴大範圍已到達關東。
一般認為是賣剩的寵物被遺棄，
賣不掉。
啾嗶—!
或是飼主放生導致的。
吵死了。
啾嗶—!
目前對日本生態系的影響尚未明確。
是這樣嗎？
但畫眉鳥在入侵夏威夷後，據說導致原生種銳減。
阿囉哈
日本未來也可能同樣出現草叢原生種減少的情況。
啾嗶—!!
斑點鶇
赤腹鶇

在日本增加中的畫眉鳥的夥伴們

與在高經濟成長期崛起的西洋鳥相比，畫眉的外表不起眼又難養，一般認為是被棄養的原因。

他說我們長得不起眼耶。
真是沒禮貌耶～。
就是啊。
嘈雜
嘈雜
嘈雜
嘈雜
嘈雜
嘈雜
黑臉噪鶥
白頰噪鶥
灰翅噪鶥

大胃王又超會拉屎

紅嘴相思鳥

Leiothrix lutea

危險度： 日本100 日本100 日本100

分　類： 鳥綱雀形目畫眉科

原產地： 中國中・東南部、中亞西部、越南東北部

全　長： 12～15.5㎝

其　他： 由於色彩鮮豔，加上叫聲優美，自古就深受愛鳥人士的喜愛，但巨大的嗓門也常引發噪音問題。

- **會在華箬竹等竹類叢生的落葉闊葉林繁殖**
- **自江戶時代便引進，但大量在野外定居是1980年前半以後**

啪唰唰唰唰唰唰…
生意失敗啦。
不需要你們了。
業者大量放生

頭　頭頂部是橄欖色，眼睛周圍是白色，嘴巴是紅色，喉嚨為黃色

我的糞便曾被當成洗面用品販賣。
日文跟中文一樣都寫作相思鳥。

翼　有黃色跟鮮紅色的斑紋

體　大小跟麻雀相當，背部為暗綠色，胸口為濃豔的橘色

日本樹鶯
其實是我的糞便的代替品。

- **繁殖力旺盛，會不小心把掠食者引回築巢地，被認為是夏威夷原生鳥類減少的原因之一**

雜食：昆蟲、水果

喵——
嗶——要被吃了——!!
你這傢伙，別把牠引過來啊!!
咻——

破壞農作物的美鳥

白頭翁

Pycnonotus sinensis

危險度： 日本100 日本100

分　類：鳥綱雀形目鵯科

原產地：中國南部、海南島、台灣、越南北部、八重山群島

全　長：19cm

其　他：八重山群島的白頭翁雖為原生種，但沖繩本島的是不明的外來亞種。冬天時會形成20～100隻的群體。

- 棲息於沖繩本島的農耕地、林地邊緣
- 有觀賞用的寵物鳥脫逃而來，或從原生地之一的台灣自然遷徙而來等說法

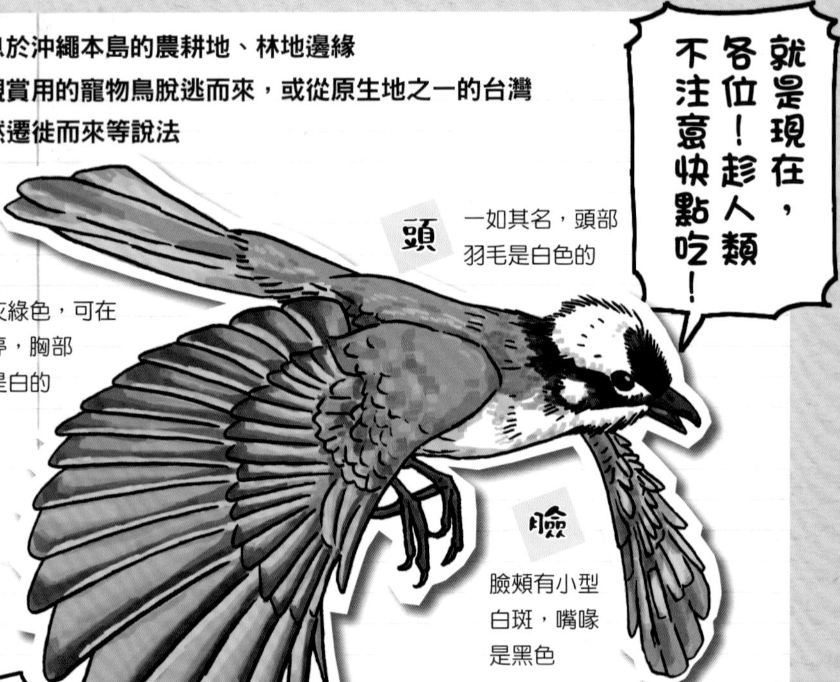
就是現在，各位！趁人類不注意快點吃！
體
羽毛呈灰綠色，可在空中懸停，胸部和腹部是白的
頭
一如其名，頭部羽毛是白色的
臉
臉頰有小型白斑，嘴喙是黑色
腦
學習能力非常高

萵苣超好吃!!
喀吱喀吱

從防鳥網破掉的地方進攻吧。
出口位置也記住了!!

- 對萵苣、高麗菜、菜豆、番茄、花椰菜、甜玉米等農作物有嚴重危害

雜食性：昆蟲、蜘蛛、樹果等

把烏鴉踢到一旁的綠毛團體

紅領綠鸚鵡

Psittacula krameri manillensis

危險度：◯◯

分　類：鳥綱鸚形目鸚鵡科

原產地：印度、巴基斯坦、斯里蘭卡

全　長：40㎝

其　他：白天習慣成對或以小群體行動，晚上則會聚集在巢穴的高樹上睡眠。會破壞農作物，在原產地也被視為害鳥。

從今天起這根電線就是我們的地盤了，
這根電線杆是我們的啦!!
眼　橘色邊緣使目光看來更兇狠
聲　會用需要隔音設備才能抵擋的音量發出啾！啾！的叫聲
嘴　帶有綠色光澤的鮮紅色
頸　雄鳥的喉嚨處有條黑色和粉紅色的線
甚至會跳舞
哇
好可愛。
扭扭搖搖
這就叫「鸚舞」嗎？
呀！
咬!!
你這傢伙是誰!!
1960年代前後大量逃亡
我從成城來！
啪唰
你是混哪裡的？

・有些自己逃跑，有些則因太兇暴而被飼主棄養

・壽命長達20年以上，從東京的世田谷區～目黑區開始野生化，花了30年的時間定居

草食性：樹木的花、果、冬芽、多肉植物，特別喜歡花蜜

純種的日本綠雉已經絕種了？

環頸雉

Phasianus colchicus karpowi

危險度： 日本100 日本100 日本100

分　類：鳥綱雞形目雉科

原產地：朝鮮半島

全　長：雄80cm／雌60cm

其　他：綠雉自古便被日本當成國鳥，出現在童話故事和鈔票上，深受喜愛。另一種紅褐色的「銅長尾雉」長得很像綠雉，但數量稀少，已是近危物種。

- 棲息在低地或草原、明亮的森林中，不喜歡潮濕的環境
- 不擅長飛行，但能用極高速奔跑

對啊。
這傢伙比綠雉更大，花紋也更華麗呢。
臉
眼睛周圍有紅色的皮膚
頸
頸部周圍有一圈綠雉沒有的白圈
雖然我不太擅長飛行，
而且只能低空飛行，去偵查大概也會馬上曝光，
但還請讓我同行。
還是雇用那邊的吧。
日本一
要不要吃糯米糰子？
喂!!
日本綠雉
WELCOME to ONIGASHIMA

- 1919年由日本農林省（現在的農林水產省）為了狩獵目的而引進鳥獸實驗場養殖，並在各地野放
- 雜交情況嚴重，甚至有人認為純種的日本綠雉或許已經滅絕

雜食：水果、種子、嫩芽、葉子、昆蟲、蜘蛛、蝸牛、蜥蜴等

啪唰
啪唰
啪唰
要快點長大喔～，過幾年再來獵殺你們～。

源自日本的外來生物

原本就棲息於日本的原生種，被人類帶到原本棲地以外的地區後，就會成為外來種。此類生物在日本稱為「源自國內的外來生物（國內移入種）」。

「源自日本國內的外來生物」問題

來自國外的侵略性外來生物，雖然會捕食原生種，破壞各地的生態系，但與此同時，原本就棲息在日本的原生種，一旦被人類從原本的棲地帶到其他地區，也會破壞當地的生態平衡，變成「源自國內的外來生物」。

譬如魚類的暗色頜鬚鮈和平頜鱲、日本紅點鮭就是代表性的例子。其他像是棲息在琵琶湖的真馬口鱲，也是源自國內的外來生物。

真馬口鱲離開原本的棲息地琵琶湖後，已散播至利根川、木曾川，甚至是中國地方、九州各地。一般認為是在把琵琶湖產的香魚幼苗拿到各地流放時，混進了真馬口鱲的幼魚導致。順帶一提，真馬口鱲是鯉科的肉食性魚類，一方面可能影響其他地區原生種的生態，另一方面在原本棲地的琵琶湖卻因數量減少，被日本環境省指定為瀕危物種。

由此可見，在原本的棲息地面臨絕種危機的物種，被人類拿到其他地區繁殖後，有時反而成為擣亂生態系的亂源，所以源自國內的外來物種問題非常複雜。

其他像是琵琶湖特有種的琵琶鱒，因為含有高級的脂肪而受饕客喜愛，被拿到中禪寺湖和蘆之湖繁殖。結果，琵琶鱒在中禪寺湖跟原生種的櫻鱒雜交，產生了雜交種。

另外，普遍認為已絕種的秋田大麻哈魚，雖在2010年被藝人「魚君」等人在山梨縣的西湖，後來又在本栖湖被發現；但秋田大麻哈魚原本應是秋田縣田澤湖的特有種，事後經過調查才查出本栖湖和西

沒想到身為秋田縣特有種的我們竟能一睹富士山…
沒有絕種雖然是好消息，但也引發了其他的問題……。
感恩感恩

真馬口鱲和秋田大麻哈魚在日本的移動

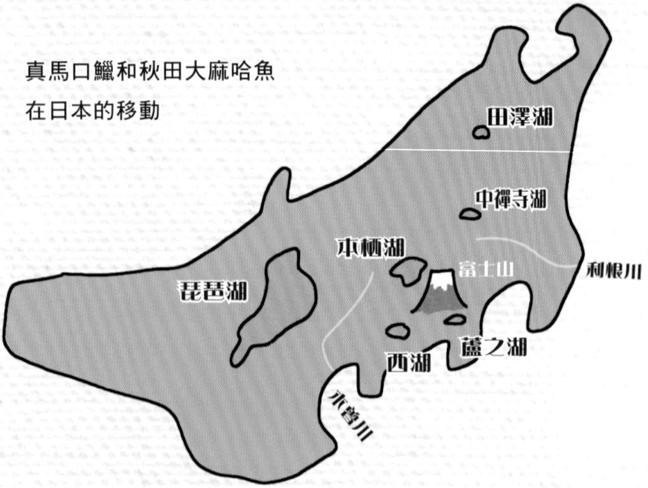
田澤湖
中禪寺湖
本栖湖
富士山
利根川
琵琶湖
蘆之湖
西湖
木曾川

湖的個體，是人類用受精卵繁殖出來的。

另一方面，田澤湖因為湖水被用於水力發電，使得帶有強酸性的玉川的河水流入，水質大幅改變。秋田大麻哈魚的消失，一般認為便是此原因造成。

田澤湖是日本水深最深的湖泊。秋田大麻哈魚是棲息在田澤湖中水深100～300公尺區域的魚種，很難想像能在其他地區生存下去，故一般認為已經滅絕。但儘管原棲地田澤湖中的個體已然消失，卻因為被人移到日本國內的其他地區，而得以免於絕種的命運，可說是十分罕見的例子。

另外，棲息在日本各地的鯉魚，其實是俗稱大和鯉的外國種，在西元8世紀的書籍上已有記載，自古以來便與人類親近，且會吃掉水中的水草，又可以被食用，因此被抓到各地放流、養殖。明治時代以後，又有商人從歐洲引進，而俗稱野鯉的純粹原生種現在已十分稀少。

鯉魚是可生長至60㎝以上大型魚類。在淡水的生態系中位於食物鏈上層，沒有什麼天敵。因此，也很容易大量繁殖。另外，鯉魚可以在混濁的水中生存。鯉魚會吃掉水草和河川與湖泊底部的生物，使水中的整體生物量減少，將原本水草豐富的生態系，變成水質混濁、充滿浮游生物的生態系。一旦變成這種狀態，就很難恢復成原本的生態系。

環境適應力強，貪食又會吃水草的鯉魚，棲息範圍遍布全世界，已被列為「世界百大外來種」。

順帶一提，在庭園造景的池塘中常見的錦鯉，是品種改良而來的人造物種。錦鯉因其美麗的外觀而受到世界各國喜愛。在公園的池塘經常可以發現牠們的蹤跡，對遊客們也十分賞心悅目。然而，錦鯉一旦跑進自然的河川或湖泊，就會成為環境問題。雖然外表美麗，但終究是鯉魚，很可能會把水中的水草、蚯蚓等生物吃掉，使其數量銳減。

而在陸地上，源自國內的外來生物同樣引發不少問題。

譬如日本鼬是本州的原生物種，後來被人類帶到北海道、伊豆群島、南西群島上。結果，原生種的小型哺乳類和鳥類幾乎被牠們吃光。

日本鼬原本是為了除鼠而被人為引進的。但是很多人為引進的生物都沒有按照原本的預想行動，結果變成了破壞生態系的危險外來種。

諸如此類的生物，根據日本「生態系被害防治外來種名單」，動物一共有20種。尤其是在伊豆群島、屋久島、沖繩群島等離島問題特別嚴重，有讓原本的生態系被破壞的可能。

為了保護生態系的多樣性，即使同樣是國內，也應理解各地區的環境和生態系都大異其趣，不該把生物擅自移動到其他的地區。

日本鼬
對人類而言都是日本，
但對我們來說，卻是海洋彼岸的陌生土地。

家畜和寵物的問題

日本的特定外來生物和「日本的百大侵略性外來種」名單上的生物中，也有諸如山豬、野貓、山羊等原本是家畜或寵物，由人類飼養的動物。

以山豬和野貓為代表的「原家畜」、「原寵物」的動物，也是原本不屬於該地區生態系的生物。對生態系而言，牠們都是完完全全的外來生物。尤其是野貓，在沖繩和小笠原等地，對稀有原生種而言是天敵，受到極大的威脅。

其他像是犬類也是被人類飼養的寵物，就跟野貓一樣，有些犬類因被飼主遺棄等原因而野生化。狗是擁有尖牙的肉食性動物，因為會攻擊家畜或人類，所以有時被抓到就是立刻撲殺，生命被人類隨意地玩弄。

要把動物當成家畜和寵物飼養，就應該負起責任照顧、徹底管理。

不可以種在院子和花圃裡喔！

劍葉金雞菊

Coreopsis lanceolata

危險度：

分　類：雙子葉植物綱菊目菊科

原產地：北美

高　　：30～70㎝

其　他：1880年代為了觀賞、綠化目的而引進的多年生草花。常見於河岸、鐵軌旁、海邊等地。5～7月會開出類似秋英的黃花。已在全日本定居。

- **從堤防到大馬路邊，到處都可看到，一旦落地生根後就會一口氣覆蓋整片河原，把原生種趕走**

委陵菜

長萼瞿麥

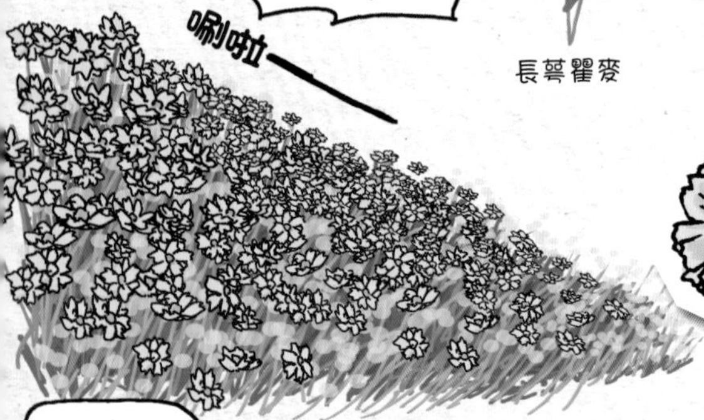
就算叫我「找個地方開花」，但根本連能紮根的地方都沒有啊!!
唰啦—

花　黃中帶橘的鋸齒狀花瓣，有時也會長出重瓣花

我跟黃波斯菊不一樣喔。

葉　表面生有粗毛，成長初期成細鏟狀，長大後會分成數片小葉

同一處會長出2片方向相反的葉子。
這叫做對生喔。

- **曾為了觀賞和綠化目的而大量種植於高速公路邊**

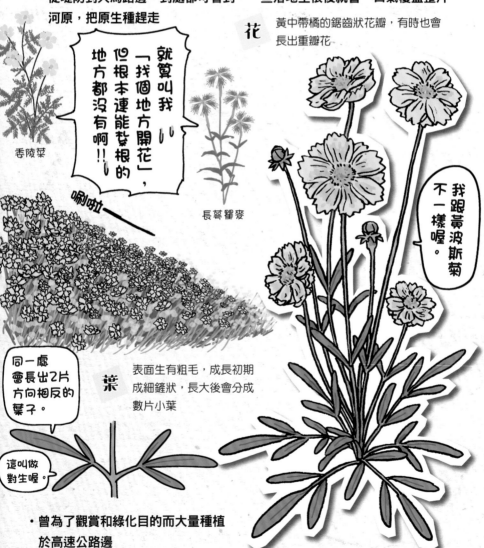

在日本以綠龜的暱稱為人所知

紅耳泥龜

Trachemys scripta elegans

危險度： 日本100 日本100 日本100 日本100

分　類：爬蟲綱龜鱉目澤龜科

原產地：美國西南部

背甲長：雄20㎝／雌28㎝

其　他：政府雖曾檢討過將其指定為特定外來生物，但因早已被家庭大量飼養而放棄。目前被視為侵略性外來種，階段性提升管制。

- 棲息在湖泊、池塘、水流和緩的河川等水邊
- 晝行性，喜歡日光浴

背上好重啊。
曬太陽好舒服～。
性格也會變凶暴！請多指教!!
大家好，我是綠龜！
綠龜
現在雖然很小，但長大後可以超過30公分。

- 幼年時是鮮豔的綠色

頭　頭旁邊有紅色的斑紋，故得其名

- 在汙濁的水中也能適應

我一點也不在意喔。
這裡的池水好臭!!

原生種
日本石龜

- 壽命達20～30年
- 會吃其他烏龜的卵
- 跟原生種的淡水龜相比產卵數很多

雜食性：魚類、兩棲類、甲殼類、貝類、水生昆蟲、藻類、水草

因沙門氏菌騷動而被大量遺棄

最初是被當成寵物從美國引進。
小子，從今天開始你就叫綠龜了。
雖然不是本名～
是為了買賣嗎……
1950年代後半
在宗教節慶的路邊攤和寵物店大量販售。
撈烏龜
綠色的幼龜還被當成糖果公司的宣傳品。
然而，長大之後，
變得好大隻，
還會咬人
我不要了。
1960年代
生物當然會長大啊。
扔
別亂丟啊。
野生化的個體愈來愈多。
甚至還——
彩龜屬是沙門氏菌的傳染源！
有這樣報導。
導致全國大量丟棄，
烏龜就像垃圾一樣。
嘩啦—
啊—
明明其他爬蟲類和貓狗身上也有沙門氏菌！
結果……
推估790萬隻
耶——！
推估100萬隻
無言……
怎麼會變這樣。
日本石龜
紅耳泥龜

因為數量太多而無法指定為特定外來種

官員們
對蓮花和蓴菜造成很大的農損，
但如果指定為特定外來生物的話……。
可能又會像擬鱷龜的時候那樣被大量丟棄，
話說回來，全國的數量也已多到憑現行的預算根本無法治理……。
審議中

在南非、韓國已被禁止輸入，歐洲各地也有禁止的趨勢。而日本直到最近仍每年進口數十萬隻，但已公告將在2020年全面禁止。

禁止觸摸的瀕危物種!!

大鱷龜

Macrochelys temminckii

危險度：◯◯◯◯◯

分　類：爬蟲綱龜鱉目鱷龜科
原產地：美國東南部
背甲長：80㎝
其　他：雖被認為是危險的外來種，但出生後要10～15年才有繁殖能力。在IUCN的紅色名錄上被評為易危等級的瀕危物種。

- **喜歡充滿汙泥的混濁水質，棲息在水流少的池塘、沼澤**
- **是世界最大的淡水龜**

太囂張的話小心我
咬掉你的小指喔，
喝啊啊啊啊!!

哇喔~好帥~
請勿碰觸
危險!
撲通撲通
撲通撲通
…
噗吱
顫顫
戳戳

甲殼 連鱷魚都無法咬碎的堅硬棘甲

鼻 嗅覺敏銳，可聞出腐肉

口 可以咬斷人類手指腳趾的強力下顎

舌 蚯蚓狀的舌尖會像魚餌一樣吸引小魚，然後再一口氣吃掉！

爪 可撕裂獵物的銳利爪子

你就是我的原型啊~

- **平時很膽小，只要不去挑釁就不會主動攻擊人，但一旦發怒就非常危險，所以絕對不可以觸摸**

雜食性：魚類、兩棲類、爬蟲類、甲殼類、貝類、水生昆蟲、水果，不論是活物或死屍都來者不拒

因為登記飼養太麻煩就被不負責任地拋棄

這一帶原產
大鱷龜最初是被當成寵物進口。
長大了好難養。
也養膩了
抓
好過分！
原本就屬於棄養率高的動物……
2000年，動物保護法修正
飼養鱷龜需取得都道府縣許可！
如果不申請偷偷養呢？
鏗啷
就逮捕你。
咦！
申請許可太麻煩了。
抓
被丟掉啦！
我也是！
抓
擬鱷龜
出於同樣的原因，擬鱷龜也被大量丟棄。

因屠宰成龜、幼龜當寵物等濫捕而瀕臨絕種

在原產地的北美，由於棲息地破壞和水質汙染，以及被濫捕當成寵物或屠宰，導致數量大減。如今已面臨絕種危機。

哎？我可以吃嗎？
有其他比我更好吃的烏龜喔！比如擬鱷龜之類的!!
喂——!!

順帶一提，大鱷龜的肉比擬鱷龜硬很多，難以咀嚼，要吃的話似乎搗碎比較好。

危險度：日本100 日本100 日本100 日本100

分　類：爬蟲綱龜鱉目鱷龜科
原產地：美國北、中、南部
背甲長：50cm
其　他：會咬人、破壞捕魚用具。另外在陸地上時攻擊性極強，要是隨意觸碰非常危險。

超級美味的大型外來種

擬鱷龜

Chelydra serpentina

唔哇！
咬
跳!!

- 夜行性，棲息在河川、湖泊、水塘、水渠
- 在千葉縣印旛沼水系等日本各地持續定居、繁殖中
- 雖然性格溫和，但隨意逗弄的話會突然生氣咬人，務須小心

那邊的太太！
油炸或煮火鍋很美味喔！
晚上要不要吃鱷龜肉啊!?

甲殼

頭和四肢都無法縮進殼內，腹部的甲殼為十字形

口

像鳥類一樣的嘴喙，會咬人

頸

會像彈簧一樣瞬間伸長

腳

隨意逗弄的話會突然跳起來

- **經適當處理後據說比鱉肉還有風味**

雜食性：魚類、兩棲類、小型龜類、甲殼類、貝類、昆蟲、動物的死屍、藻類、水草、水果，基本上什麼都吃。在驅除較成功的地區，反而因為掠食者減少而導致紅耳泥龜數量大增

最近會吃我們的動物好像變少了呢。
鑽動
鑽動

幼體被大量販賣

美洲鬣蜥

Iguana iguana

危險度：◯◯◯

分　類：爬蟲綱有鱗目美洲鬣蜥科
原產地：中美、南美、西印度群島
體　長：90～130㎝（最大210㎝）
其　他：雖然可以飼養，但因為會長到很大，故需要堅固且夠大的設施。成體的食性可能會破壞農業。

- 晝行性，住在樹上，喜歡日光浴
- 飼育需準備大型的溫室和紫外線照射設備
- 被丟棄的寵物已在石垣島上定居的可能性很高

背部 長有俗稱背刺的一排棘狀鱗

別看我這樣，小時候可是很可愛的。

幼體是翡翠色。

色 成長後綠色會變淡，變成灰黃色

- 壽命約10～15年

尾 很長，長有環狀的黑紋，堅硬的背刺（棘狀突起）跟爪子一樣銳利

咕嚕
咕嚕
別看我這樣，肉質和肉汁都很好吃喔。

- 有的雄性個體很凶暴，會咬人或用尾巴攻擊人

雜食性：成體傾向吃花朵和果實等植物，幼體則會捕食昆蟲等小動物

小笠原的多子多孫掠食者

綠變色蜥

Anolis carolinensis

危險度： 日本100 日本100 日本100

分　類：爬蟲綱有鱗目鬣蜥亞目
原產地：美國東南部
體　長：雄18～20㎝／雌12～18㎝
其　他：侵入沖繩、小笠原群島捕食原生昆蟲。尤其原生種的琉灰蝶，甚至被認為可能已經滅絕。

眼 視覺非常發達，可瞬間發現昆蟲

皮膚 像變色龍一樣，背部顏色可從黑褐色變成黃綠色

喉 雄性有又大又紅的喉袋，求愛時會鼓起

指 前腳、後腳各有5根手指，可以像壁虎一樣爬樹和岩石

腳 可快速奔跑，跳躍力也很強

尾 被抓住時會短尾逃跑，斷掉的尾巴會再長出

- **晝行性，用日光浴調節體溫**
- **生活在森林的綠林地帶、農耕地周邊的樹木、民宅庭院的樹上**
- **繁殖力異常地強，春天到秋天可以每週一顆蛋的頻率持續產卵**
- **在原產地的美國佛羅里達州，因競爭不過外來種的沙氏變色蜥，而正研擬列入保護**

肉食性：從樹上的昆蟲、節肢動物、到運送花粉的蜜蜂類都吃。換言之會導致原生植物減少

大吃特吃致使原生種昆蟲陷入絕種危機

原本是北美洲的蜥蜴，
隨著美軍的物資來到日本。
也有一說是源自脫逃的寵物。
從登陸小笠原群島的父島。
1960年代
因異常的繁殖力，在父島、母島上大量增加。
我又生了。
幾乎一星期生一次呢。
1980年代登陸沖繩。
我來囉～
唔!
大吃特吃原生種。
最近都沒看到呢。
是不是吃過頭了啊？
琉灰蝶
嗝！
除了小笠原特有的琉灰蝶外，還有5種蜻蜓也幾乎絕種，其他許多昆蟲也面臨絕種危機。

黏住吧！綠變色蜥捕捉大作戰

綠變色蜥雖然沒有自己渡海的能力，卻在2013年被發現入侵了父島北邊的無人島・兄島。很可能是人類泛舟時偶然帶進去的。

這就是拓荒精神吧！

在父島、母島已開始用柵欄和蟑螂屋式的陷阱展開驅除作業。

被黏住啦！

人為引進後定居的毒蛇

龜殼花

Protobothrops mucrosqamatus

危險度：○○○○

分　類：爬蟲綱有鱗目蝰蛇科

原產地：印度東北部、緬甸、孟加拉、中國南部、越南北部、台灣等

全　長：60～130㎝

其　他：日本原生的毒蛇有黃綠龜殼花、日本蝮、虎斑頸槽蛇。黃綠龜殼花和日本蝮帶有會破壞蛋白質的出血性毒素，虎斑頸槽蛇則帶溶血性毒。

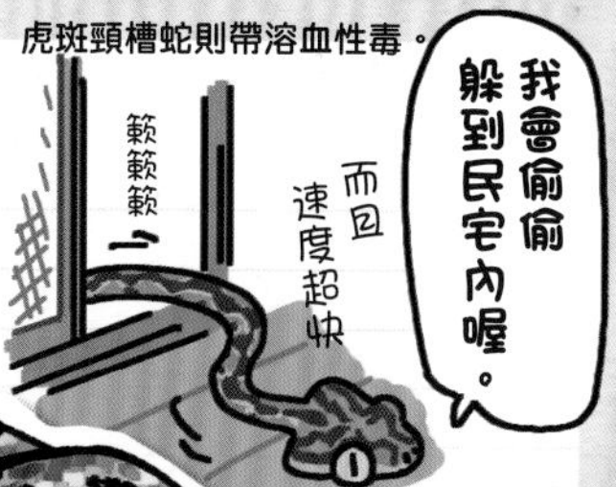
我會偷偷躲到民宅內喔。
簌簌簌
而且速度超快

- 夜行性，只要有草地和水源，即使在住宅區也能生存。曾在民宅的庭院、橘子園、甚至馬路邊被目擊

頭
比黃綠龜殼花更細長的三角形
讓外來種跟外來種互相廝殺，來場精彩的表演吧。
唔哇～真不人道。
好暴力～
印度小貓鼬
花紋
北部有黑色的鋸齒狀紋路，邊緣是醒目的白色

簡直像地雷
別踩喔！
千萬別踩到我喔！
看招！樹葉隱身術!!

- 繁殖力強，是首例在日本定居的外來毒蛇
- 會躲在枯葉中難以發現，必須小心
- 攻擊性遠勝日本原生的龜殼花！而且毒性是1.2倍

肉食性：鳥類、哺乳類、爬蟲類、青蛙等

目前已是難以根絕的狀況……

1970年代以後
曾從台灣、中國大量輸入至沖繩……
或被做成蛇酒……
或被拿來跟印度小貓鼬決鬥。
嘶哈—
有的被遺棄，有的自己逃走後，在名護市周邊定居。
捕獲數
30隻
2012
345隻
2017
5年內增加了10倍！
因為早已在山林內落腳，很難完全清除。
照這個速度繼續擴散的話……
預估50年後每年的蛇咬案件將達113～225件！
說不定更多。
跟原生種的黃綠龜殼花也有雜交情形，可能導致純種原生種滅絕。
混種龜殼花！
萬一毒性改變的話血清可能會失效。

雖然龜殼花很棘手，但錦蛇也很麻煩

沖繩原本並沒有晝行性且會捕食鳥類或哺乳類的蛇類，但後來為了在觀光區展示，引進了完美符合該條件的黑眉錦蛇。

成體可達2.5m
尾巴有黑色的線條。
雖然沒有毒，但會咬人。
沖繩裔鼠
嚇！有殺氣!!
我要開動了~。
黑眉錦蛇

一旦在沖繩北部的山原地區定居，便可能將當地的瀕危物種吃光。

外觀雖醜卻是超高級食材

中國大鯢

Andrias davidianus

危險度：〇〇〇

分　類：兩棲綱有尾目隱鰓鯢科
原產地：中國
全　長：～180㎝
其　他：在京都的鴨川和桂川跟屬於日本特有天然紀念物的日本大鯢有雜交情形，已展開隔離措施。在原產地中國屬於保育動物。

・夜行性，棲息在水質清澈的河流中上游

白天時會一直躲在陰暗處。
大多時間都待在水中。
尾
占身體的三分之一
成體用肺呼吸所以需要浮出水換氣。
大約每20分鐘一次
噗哈～
體
皮膚有彈性，跟河底的岩石顏色相同
雖然自己來說怪怪的，但你想不想吃吃看我呢？
眼
小到乍看之下很難找到位於何處，視力只有能分辨明暗的程度
咕啊
來了來了來了來了～！
快來快來快來快來
頭
頭部又大又扁，會張大嘴巴埋伏獵物，等其靠近後一口吞下

・壽命很長，人工飼養的個體可活到50年以上

肉食性：魚類、甲殼類、青蛙、昆蟲、有時甚至捕獵同類

那位美食家也曾吃過日本產的……

中日外交正常化後，大量引進可食用的中國種，
長得太像了，可能會害特殊天然紀念物的日本原生種被盜獵啊，
文化廳
根本分不出來
還是管制比較好。
猜猜我是誰～
結果來不及賣掉的活體被業者和餐廳遺棄後，在京都的河流繁殖。
1970年代
——說是這麼說啦，
說實在的
但其實真相仍不清楚。
但實際上中國產的個體確實跟京都的原生種發生雜交。
根本分不出哪隻是原生種、哪隻是雜交種。
鑽動鑽動
在鴨川已幾乎沒有原生種，98%都是外來種或雜交種。
真的超像呢。
北大路魯山人的美食評論
比鱉肉更高貴
切開腹部後會有山椒般的香氣，經過仔細熬煮後非常美味。

在原產地中國的野生個體已瀕臨滅絕

原生種的日本大鯢在日本被指定為國家特殊天然紀念物，而中國大鯢在中國也面臨絕種問題。

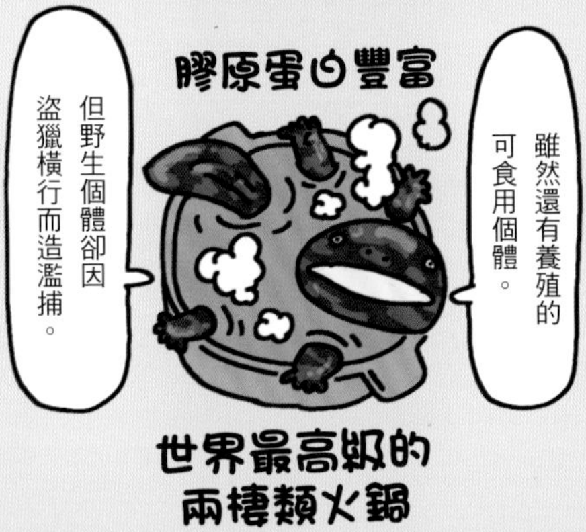

膠原蛋白豐富
雖然還有養殖的可食用個體。
但野生個體卻因盜獵橫行而造濫捕。
世界最高級的兩棲類火鍋

中國大鯢因其獨特的演化路徑，而被稱為水中熊貓。但是近年在各個地區都找不到野生個體，被認為數量已經減少到無法維持種群。

好孩子千萬不可以吃！

海蟾蜍

Rhinella marina

危險度： 日本100 世界100 日本100 世界100 日本100

分　類：兩棲綱無尾目蟾蜍科
原產地：北美南部～南美北部
體　長：9～15cm（最大24cm）
其　他：蝌蚪時期有極高的耐熱性，即使在熱水（42度）中也能變成青蛙。毒性很強，可能會被以青蛙為食的貓科、蛇類、鳥類誤食。

- 夜行性，會在紅甘蔗田等靠近人煙的陸地上爬行移動

耳腺
會朝捕食自己的對象的眼睛和口鼻噴出乳狀毒液，可噴1m遠！吃到的話會死！
啊ーー！這位客人!!請別吃我！啊ーー!!
眼睛啊！我的眼睛啊啊啊!!
噗咻
口
什麼東西都能吞下的大嘴
蝌蚪
我也有毒喔！
我們也是!!
卵塊
腳
因為有毒，所以不需要快速移動的能力

- 繁殖力非常強，且食量大，可活在海水中
- 一隻雌蛙每年可產卵數次，每次產下數千至數萬顆卵

肉食性：昆蟲、陸生貝類（蝸牛等）、倍足類（馬陸等）、鼠婦、小型青蛙、蛇、老鼠，無所不吃

在下是日本蟾蜍是也。
吾乃原生種，請不要弄錯了。

為驅除害蟲而引進後爆發性繁殖

原本是棲息於美洲熱帶的青蛙。
紅甘蔗的害蟲真好吃！
這傢伙不錯唷！
哎？
後為了驅除害蟲而被引進世界各地。
拎!!
在日本也被引進小笠原群島和沖繩……
嘩啦——!!!
結果爆發性地異常繁殖！
沒有天敵—!!
喂，我們來汙染飲用水吧！
那爸爸負責吃光稀有的昆蟲。
媽媽也來！
不，別連我們的份都吃光啊！
原生種團體

瀕危物種因捕食海蟾蜍而死亡的問題

小笠原群島為了驅除害蟲而引進後，發現海蟾蜍卻連稀有原生種也一併吃掉。而在西表島上也有入侵建材的問題，以及可能被以青蛙為食的西表山貓和大冠鷲等瀕危物種捕食的疑慮。

西表山貓
真肥！好像很好吃。
我咬
我不會白白死去的！
同歸於盡吧!!
抽搐
抽搐
有毒啊～

好吃又美味的食用青蛙

美洲牛蛙

Lithobates catesbeianus

危險度： 日本100 世界100 日本100

分　類：兩棲綱無尾目赤蛙科

原產地：加拿大東南部、美國東部和中部、墨西哥灣沿岸

全　長：雄15cm／雌16cm（最大20cm）

其　他：頭身長最大可達18.3cm。在世界各地作為食材被引進。定居後卻在各地區引發生態危機。

・夜行性，喜歡在池塘和沼澤等死水中，或水流和緩的河流附近

哞哞哞
會發出音量驚人的牛叫聲。
我吞!!
慢！鱷魚！
我可是鱷魚耶?!
這就叫做鱷運纏身嗎……
都什麼時候還說冷笑話！

腳　食用時基本上只吃後腿

鼓膜　又大又圓，雄性的鼓膜比眼睛還大

口　只要是能放進嘴裡的大小，連鱷魚的幼子也照吃不誤

炸蛙腿

味道跟雞肉一樣清爽。
低脂高蛋白喔。

- **美國最大的青蛙，連蝌蚪都很大**
- **雖然看起來行動遲緩，但捕獵時卻非常敏捷**

肉食性：昆蟲、螯蝦、小魚、其他青蛙、蛇、小鳥、老鼠等

每月出口1000噸的人氣養殖食材

在過去，日本的糧食資源十分貧乏。
好餓啊。
美國人會吃牛蛙！
善意100%
1918年
東京帝國大學教授
渡瀨庄三郎博士
印度小貓鼬時也是你
好！那日本也引進吧。
請農民拿去當副業吧！
官員
政府大量分配給農民，擴大到日本全國。
養殖量多到可以逆出口至夏威夷和美國。
每月1000噸
一大堆…
然而戰後日本逐漸富裕。
想吃比青蛙更好的東西。
日本人漸漸不吃青蛙後，外來種的牛蛙——
日本的青蛙真好吃！
變得愈來愈多，開始狂吃原生種。

為了飼養牛蛙而引進的美國螯蝦

美國螯蝦在1927年時作為牛蛙的飼料被引進神奈川縣，然而隨後少數個體從養殖場和一般家庭脫逃，擴散至日本全國。

我去沙之後也可以吃喔！
雖然身小肉少就是了。

美國螯蝦會使水中的水草和水生昆蟲減少。根據研究結果，美國螯蝦也會傷害水稻、造成農損，更會捕食蜻蜓的幼蟲（水蠆），因此在有美國螯蝦棲息的池水中，水蠆會不敢掠食，使孑孓失去天敵，讓附近的蚊蟲數量增加。

可能躲在觀葉植物上偷渡

多明尼加樹蛙

Eleutherodactylus coqui

危險度： 世界100 世界100

分　類：兩棲綱無尾目卵齒蟾科

原產地：波多黎各

體　長：雄3.4cm／雌4.1cm

其　他：夜行性，主要在樹葉上生活。每年可產卵4～6次，繁殖力強。跟同屬的溫室卵齒蛙（Eleutherodactylus johnstonei）同為特定外來生物。

有什麼奇怪的！男人來帶孩子不是理所當然嗎！
哦～乖乖喔

- **可棲息於各種環境，擅長爬樹**
- **沒有蝌蚪期，雄性會保護蛙卵，直接以青蛙狀態孵化**

眼　大多個體有一條從鼻孔延伸到眼睛上方至鼓膜的線斑

背部　有的個體背部正中央有線斑，也有的完全沒有

爸爸會保護你們的！

- **一旦在沖繩或小笠原群島等亞熱帶定居，便有可能壓迫到原生蛙類的生存空間**
- **在國外夾雜在貨物中傳播至夏威夷、多明尼加、巴哈馬等地**

四肢　手腳很短，擁有發達的吸盤，不太會划水

因為我的叫聲，日本人叫我呱唧安產蛙。
呱唧——
呱唧——

肉食性：昆蟲、蜘蛛等節肢動物

會鑽進土裡的青蛙

亞洲錦蛙

Kaloula pulchra

危險度：〇〇〇

分　類：兩棲綱無尾目狹口蛙科
原產地：馬來西亞、印尼
全　長：5～7㎝
其　他：矮胖短的體型，而且威嚇敵人時還會膨脹成球形，因其可愛的外表而受到喜愛，有許多個體被當成寵物買賣。

- 棲息於低地的森林和水邊、農地等開闊的環境
- 適應力很強，可以生活在市區的下水道或垃圾場

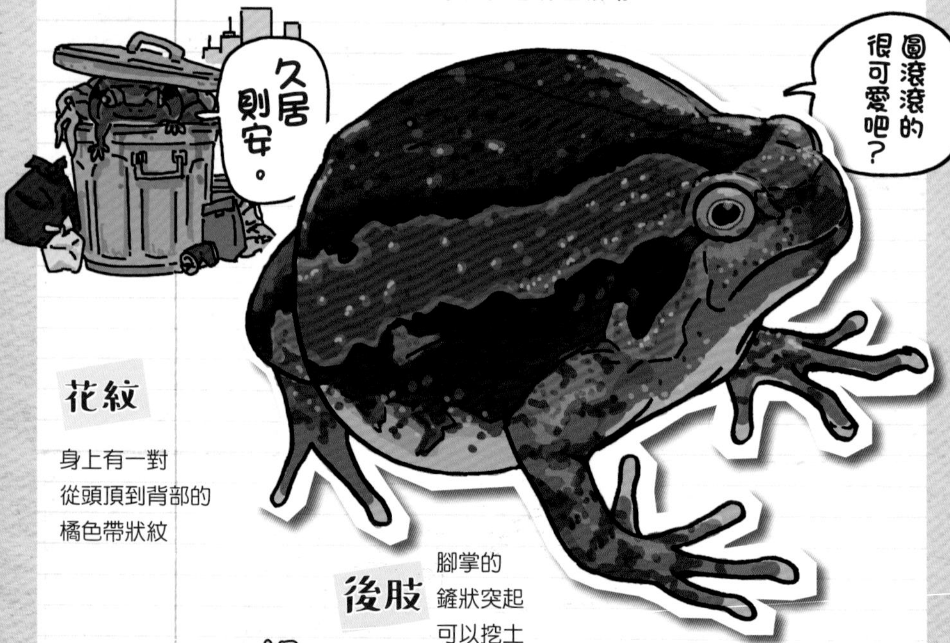
久居則安。
圓滾滾的很可愛吧？

花紋

身上有一對
從頭頂到背部的
橘色帶狀紋

後肢　腳掌的鏟狀突起可以挖土

鼓起一！
親切感…
有奇怪的東西出現了!!

- 被攻擊時會鼓起身體來威嚇敵人

完全找不到在哪!!
忍術・鑽地術

- 夜行性，白天會躲在落葉或土裡睡覺，一旦定居便很難發現，不容易驅除

肉食性：昆蟲等所有能入口的生物都吃

專吃樹蛙的樹蛙

古巴蕉蛙

Osteopilus septentrionalis

危險度：○○○

分　類：兩棲類無尾目樹蟾科

原產地：古巴、開曼群島、巴哈馬群島

全　長：雄4～9㎝／雌5～14㎝（最大16.5㎝）

其　他：樹蟾科中體型特大的大胃王。據說最早是混在佛羅里達半島的栽植用棕櫚類上侵入的。

- 夜行性，以樹蛙而言體型十分龐大
- 在已定居的佛羅里達半島，被發現會無限度地捕食其他青蛙，導致原生種數量下降

我吞！
Oh my gosh
美國的樹蛙真好吃～！

頭蓋骨黏著皮膚，不代表頭槌就很厲害喔。

頭

頭部的皮膚黏在頭蓋骨上，故在日本得名「黏頭蛙」

- 用手去抓的話會分泌可刺激掠食者黏膜的黏液

背部

紅褐色，表面有小型凸起

這是我的天下～！
吃
吞
吞
吃

腳

吸盤很發達，划水能力已退化

- 由於日本並沒有會捕食樹蛙的原生樹蛙，故可預期若定居的話會造成極大影響

肉食性：昆蟲等節肢動物、蜥蜴、其他青蛙、雛鳥等，食慾旺盛，能吞的生物全部都吃

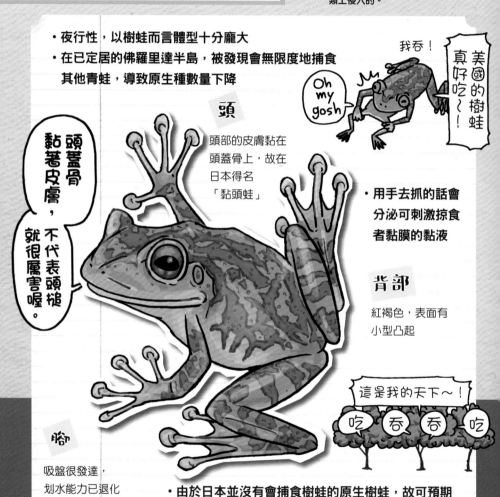

在和歌山縣的池塘大繁殖

非洲爪蟾

Xenopus laevis

危險度：○○○○

分　類：兩棲綱無尾目負子蟾科
原產地：非洲中南部
體　長：7～12㎝
其　他：擁有可在水中生活的獨特外型。雖原產非洲，卻十分耐寒，且最多一年可生4次，每次可產約2000顆卵，繁殖力驚人。

- **棲息在湖泊等靜止水域，只要沒有結冰的話就能過冬**
- **是由生物教材、寵物、實驗動物的個體野生化而來**
- **即使脫離蝌蚪期也不會上陸，一輩子在水中生活**

體　身材扁平，水中阻力低，背部呈暗灰色和綠褐色，腹部為白色

綠蛙落古池，寂寂聞水聲。

後足　十分發達，擅長划水，游泳很快，5根指頭中有3根是角質的爪子

頭　頭很小，噁心得可愛，不只沒有眼瞼，嘴裡也沒有舌頭

前足　手腳很短，吸盤發達，幾乎無划水能力

我不是鯰魚喔。
是青蛙。

啪唰——！
噗哈——!!

- **蝌蚪為半透明，有鬍鬚**
- **為了呼吸，每30分鐘會浮上水面一次**
- **就算感染了專門寄生在兩棲類皮膚上，會將宿主殺死的蛙壺菌，也不會發病，容易成為病菌的媒介**

肉食性：幼體吃動物性浮游生物，變態後吃水生昆蟲或小動物等

寵物大逃亡——請當有責任感的飼主

生態系被害防止外來種中，有些是由人類飼養的寵物野生化而來。牠們有的是自己逃脫，有的是人類放棄飼養而被放生……飼主的不負責任，會對生態系造成很大的影響。

原本並不「野」的寵物們

我們在國內的外來種一章也曾提過，被指定為「日本百大侵略性外來種」的「野貓」，其實又叫做「家貓」。家貓在奄美群島上會獵捕琉球兔，對島上原生的特有種造成很大損害。而從「家貓」這個名稱便可看出，牠們原本都是被人類飼養的寵物。

這些家貓有的是自己逃到野外，有的是被人遺棄，然後在山林等自然環境中找到了落腳處活下來，才變成了野貓。當初人類若沒有讓牠們跑到野外，就能避免牠們野生化——如此一想，便可理解人類的責任有多麼重大。

野狗也是，本來都是人類飼養的生物，由於野生化的野狗中也有大型犬，所以會捕食當地的原生種，或是翻找垃圾堆，無論對生態系還是對人類，都是十分危險的存在。同時，犬類還會在離開人類後形成群體，攻擊梅花鹿等大型動物。

而大型鳥類的鸚鵡，在逃離籠子後變成野鳥後，也會在樹枝或電線杆上築巢。鸚鵡大量群聚在同一棵樹上時，鳴叫聲會形成噪音汙染，或是在電線杆上築巢引發走火意外等，對人類的生活也可能有很大影響。

考慮到這些對生態系和人類的影響，如果養育、管理寵物，不讓牠們逃跑，可說是非常重要的一件事。

實際上在自然環境中，小型鳥類和哺乳動物，很容易成為大型鳥類等掠食者理想的獵物，在野外往往活不過一天。換言之，

曾有野貓被帶到離島後大量繁殖，導致島上原生種小鳥絕種的案例喔。
你們眼中可愛的寵物一旦疏忽也可能變成可怕的威脅。
喵喵~
這種鳥不會飛耶！
喵~ 喵~
吃吧 吃吧~
一亮
啃啃

飼主對寵物而言是不可缺少的守護者。

打造人類和寵物都能快樂生活，又不會影響生態系的環境，對飼養這件事負起責任，無論對寵物、飼主、還有野生動物而言，都是一種幸福。

跟原先想像大不相同的寵物

另一方面，還有一些寵物不是自己逃走，而是被飼主刻意放生的。

例如浣熊就是在電視卡通的影響下爆紅的動物。因其可愛的形象，很多人開始飼養浣熊當寵物。然而，真實的浣熊性情非常粗暴，常常咬人或抓傷人，因此不久後愈來愈多飼主放棄飼養，把牠們丟到野外放生。

結果被放生的浣熊在全日本大繁殖，尤其是在都會區，因為幾乎沒有天敵，還有溫暖的屋頂下和側溝可棲身，不擔心沒地方住，更有餐廳倒掉的廚餘等吃不完的食物，就連東京都心都被浣熊入侵。

另外像擬鱷龜、彩龜、刺蝟等動物開始在野外出沒，也同樣是因為飼主亂放生造成。

小時候雖然很可愛，但長大後卻體型意外巨大，或是長大後太可怕而不敢飼養等，諸如此類的情形也發生在鳥類和魚類寵物的身上。

思考自己有無能力長久飼養

在最開始，大家都是懷著要共同生活一輩子的決心開始飼養的。有些時候，我們可能會因為某些不可抗力而不得不放棄飼養。可是，將寵物放生到野外，不論是對動物而言，還是對生態系，都是很不負責任的行為。

為了避免這樣的狀況發生，在飼養前，先查清楚要飼養的動物長大後會是什麼樣、成獸有哪些性質、平常需要餵食什麼、照顧時會遇到哪些困難、這種動物的平均壽命有多長、飼養需要花多少錢等必要的知識，是非常重要的。而透過書籍和網路充分調查，或是直接請教曾養過該種動物的人，都是很好的方法。

還有，即使一開始決定自己一個人照顧，但還是有可能遇到需要住院數日，或是離家不在的緊急情況。這段期間，可能會無法照顧寵物。

為了可以隨時應對這些情況，事先找到有同種動物飼養經驗的親友、或是願意代替照顧該種動物的寵物店和收容設施、可信任的動物醫院，才能更安心地飼養。

另外，也建議事先查清楚當寵物不小心逃走時，應該聯絡動物保護中心、衛生所或警察局等哪一種機構。

啊啊……
好可愛好想養
好可愛好想養
好可愛好想養
好可愛好想養
好可愛好想養
好可愛好想養
好可愛好想養
好可愛好想養
而且好便宜
我可以
在一年內長到
1公尺以上，
而且可活數十年，
你有那個決心
和財力嗎？

如果無法用愛情照顧到最後，就不應該飼養動物；而就算是有愛情，也可能因為各種外部原因而無法繼續飼養。遇到這種情況時要如何處理，飼養前都應該事先想好。

最好的方法，就是為寶貝的寵物尋找可以安心度過第二春的領養者（下一任飼主）。儘管跟歐美相比還很落後，但日本也有很多專門收容貓、狗、兔子、鳥類等動物的保護團體和設施。請這些團體協助尋找下一任主人或是不錯的方法。除此之外，網路上也有許多徵募領養者的交流網站，透過這些管道蒐集資訊，也有助於在領養會等活動上找到可放心寄託的領養者（飼主）。

拔草要除根

馬達加斯加千里光

Senecio madagascariensis

危險度：

分　類：雙子葉植物綱菊目菊科
原產地：馬達加斯加島
高　　：20～50㎝
其　他：1976年在德島縣鳴門市被發現，後擴張至各地。在日本又叫神戶菊。擁有鋸齒狀的互生葉，並有跟蒲公英一樣的棉毛狀種子。

- 可在空地、馬路邊、填海地、牧草地等地生根，全年皆可發芽
- 一般認為是混在白三葉草等綠化用植物的種子內入侵的
- 含有對人和家畜具肝毒性（對肝臟有毒）和致癌性的吡咯裏西啶生物鹼

花朵很可愛
但是有毒喔。
葉子和莖
也有毒喔。

花 會開出檸檬黃的花

我不行啦——!!
下痢
咕嚕嚕嚕嚕~
嘔嘔嘔——
嘔吐

也有中毒致死的案例

- 在日本定居後瞬間就大幅擴張

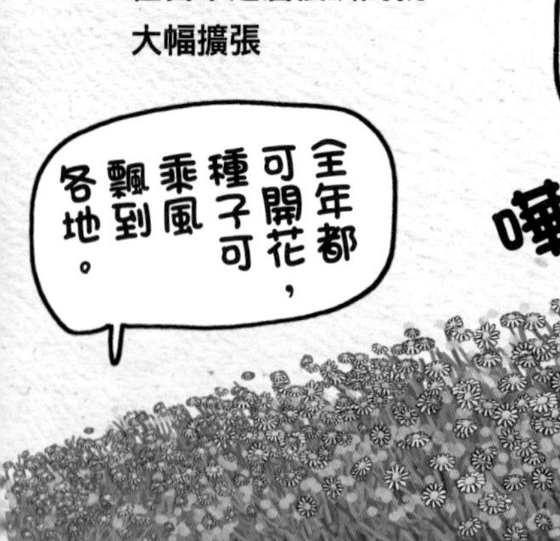
全年都可開花，種子可乘風飄到各地。
嘩——

吃！吃！吃！吃光一切！

大口黑鱸

Micropterus salmoides

危險度： 日本100 世界100 日本100 世界100 日本100

分　類：輻鰭魚綱鱸形目太陽魚科
原產地：加拿大南部、美國中東部、墨西哥北部
體　長：30～50㎝（最大97㎝）
其　他：與同科的小口黑鱸、佛羅里達黑鱸，還有狼鱸科的白鱸、銀花鱸魚都屬於特定外來生物。

- 環境適應力強，廣泛棲息於河川、湖泊、池塘、人工湖等水域
- 可長到很大，而且壽命也長

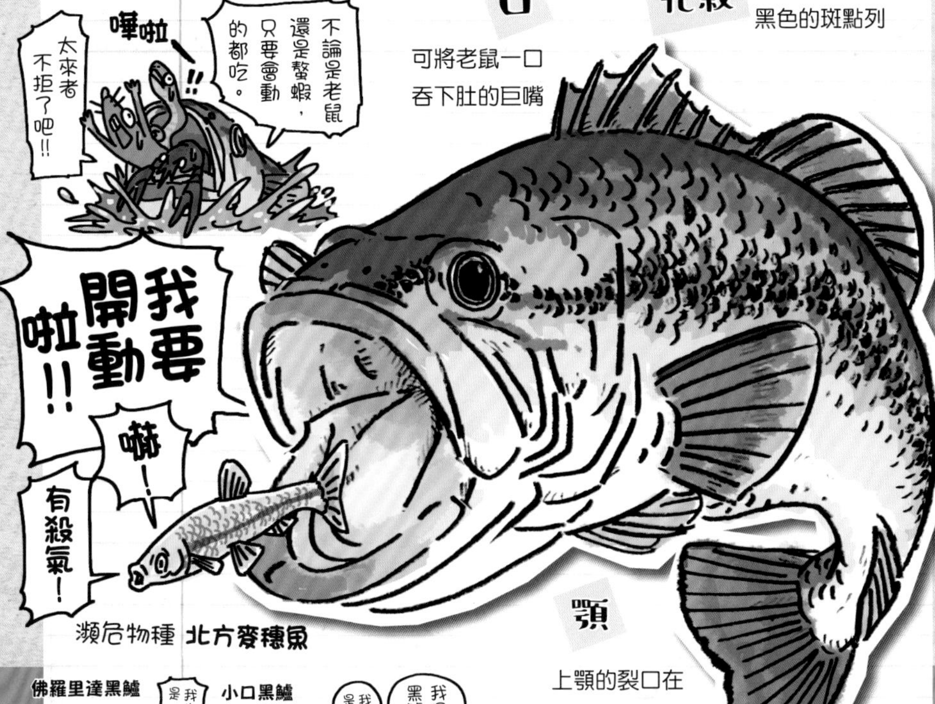
口
可將老鼠一口吞下肚的巨嘴
花紋
胴體側面有黑色的斑點列
太來者不拒了吧!!
嘩啦
!!
不論是老鼠還是螯蝦，只要會動的都吃。
我要開動啦!!
嘶!
有殺氣!
瀕危物種 北方麥穗魚
顎
上顎的裂口在眼球更後方

佛羅里達黑鱸
我也是。
小口黑鱸
我也是。
我是黑鱸。
大口黑鱸

↑體型最大，背鰭分成兩段

↑背鰭是連續的，顎根在眼睛前面

- 會大量產卵，由於母魚會保護卵和幼魚，故繁殖力很強
- 黑鱸是總稱，不是正式名稱

肉食性：蝦子、小型魚類、原生的甲殼類和水生生物，只要是碰到的都不放過。對其他以相同生物為食的生物也會造成影響

因釣鱸熱潮而在全國擴散!!

大正時代，日本實業家
1925年
北美原產
赤星鐵馬
從美國帶回……
並在神奈川縣蘆之湖流放。
拿來釣魚或食用吧。
噗通！
Oh, Japan!
之後——
因為鱸魚熱潮而被釣客和釣具業者偷偷流放。
好想在附近釣黑鱸~
啪沙
Nice to meet you.
啊!!
稀有原生種們
使棲息範圍一口氣擴大。
數量在全日本大增的黑鱸，對原生種的棲息環境造成深刻影響。
我！要把這池子的生物全部吃掉！
我也要！
然後小魚都消失了。
我們也離開吧……。
好餓……

在全國各地棲息，要完全驅除非常困難

釣上岸後禁止放生回水中，也不可以活體運送……。
原本就是食用魚，而且油炸後很好吃喔。
黑鱸天丼

黑鱸後衍生出俗稱釣鱸市場的巨大市場，產生了巨大的經濟效應。然而，這卻是建立在眾多原生種的犧牲上。

只要自己能開心釣魚賺大錢，其他生物死再多都不重要，這就是人類啊~。
北方麥穗魚

凌駕黑鱸的外來種

藍鰓太陽魚

Lepomis macrochirus

危險度： 日本100 世界100 日本100 世界100 日本100

分　類：輻鰭魚綱鱸形目太陽魚科
原產地：加拿大南部、美國中東部、墨西哥北部
全　長：25cm（最大30cm）
其　他：日本原生種的條紋長臂蝦和暗色頜鬚鮈數量銳減的主因之一。另外，這種魚油炸、鹽烤都很好吃。

這個可以吃嗎？
反正吃吃看就知。
吃吧！
統統吃光吧!!

- **對水質汙染耐性超強**
- **已侵入並定居日本各地的湖沼、池塘、水渠、河川**

鰭
堅硬有刺，要小心被刺傷
花紋
身體側面有直條紋
口
嘴巴雖小，但貪婪到無所不吃
鰓
因為魚鰓的藍黑色突起而得名

從區區5條……
大繁殖!!
咱都是親戚。

- **大型的個體會攻擊黑鱸的巢，捕食卵或小魚**
- **最初是作為食用魚引入，故水質好的話就能吃**
- **產卵、受精後雄魚會留在巢內，保護魚卵和幼魚**

雜食性：從水草等植物到動物性浮游生物、貝類、水生昆蟲、蝦類、小魚、魚卵，總而言之什麼都吃，隨便都能釣到

炸太陽魚

由皇室引進，因鱸魚熱潮而擴散

最初由當時的皇太子・明仁親王，
芝加哥
1960年
從美國帶回15條。
芝加哥市長送的禮物。
為了研究而流放。
靜岡縣一碧湖
耶—!!
不知道能不能吃？
但發現不適合養殖。
成長好慢啊……
I am sorry.
隨後在釣鱸魚熱潮時被當成黑鱸的飼料。
咿哈—!!
水質汙染根本沒什麼！
經業界相關者和愛好家之手一口氣擴散。
環境適應力超群!!

把原生種吃光光，憑藉頑強的生命力大幅擴張棲息地

在藍鰓太陽魚繁殖的湖泊和沼澤，原生魚類都大幅減少。在滋賀縣月輪大池中，本就瀕臨滅絕的暗色頜鬚鮈更是一口氣銳減。

GO!
快吃牠！把牠吃光光！魚卵小魚大魚全都別放過！
嘻嘻嘻嘻嘻!!
順便也吃牠們的食物！
GO!
GO!

跟黑鱸一樣被許多國家禁止放生。奶油香煎、油炸很好吃。

氣勢更勝黑鱸！

斑真鮰

Ictalurus punctatus

危險度：◯◯◯◯

分　類：輻鰭魚綱鯰形目北美鯰科
原產地：北美、墨西哥東北部
體　長：25～50㎝（最大100㎝）
其　他：別名美洲河鯰。肉白而美味，故在日本又有「淡水鯛」和「川魨」等別名，由於商品名常常看不出是鯰魚，故成為問題。

- 夜行性，喜歡棲息在湖沼或河川下游相對較深的泥沙質水底
- 雌魚的體內約有2萬～6萬顆卵，產卵後雄魚會保護卵和幼魚，繁殖力很非常強

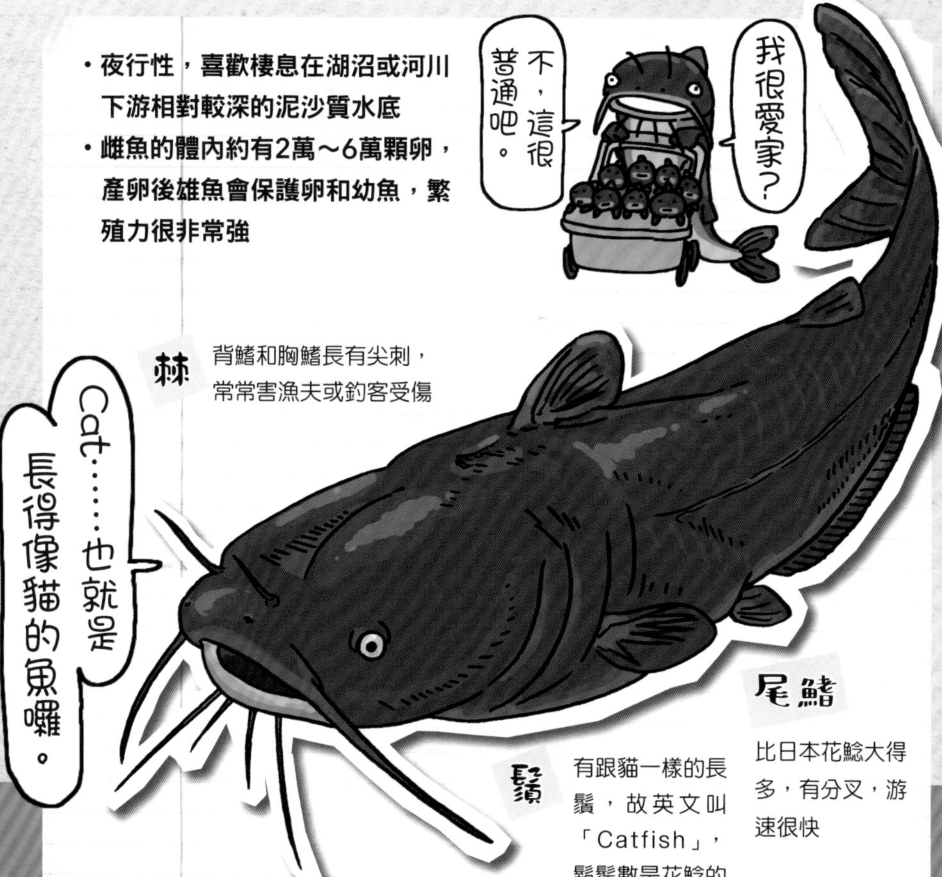
我很愛家？
不，這很普通吧。
Cat……也就是長得像貓的魚囉。

棘 背鰭和胸鰭長有尖刺，常常害漁夫或釣客受傷

鬚 有跟貓一樣的長鬚，故英文叫「Catfish」，鬍鬚數是花鯰的數倍

尾鰭 比日本花鯰大得多，有分叉，游速很快

Catfish Burger
Fish & Chips

- 在原產地的北美因其清淡的白肉而深受歡迎，在超市就買得到

雜食性：食量大，從植物到魚類、甲殼類、貝類、水生昆蟲、青蛙都吃

日本人又沒有吃河魚，為何要引進……

美洲河鯰最初是為了食用而引進日本。
好養又好吃，
多吃點喵。
1970年代
但鯰魚肉並不受日本人歡迎。
河魚？
鯰魚……？
香魚的話倒還可以……。
很好吃唷
之後，鯰魚逃出養殖場。
沒有天敵，簡直太棒了喵。
在利根川水系的河川和湖泊大量繁殖。
霞之浦
因為業者的丟棄和釣客擅自流放，棲息範圍擴張至福島縣、島根縣、愛知縣、岐阜縣等地。
想釣看看。
喵～
琵琶湖
沒有人吃的美洲河鯰現在每天都會吃掉百條以上的原生種香魚和西太公魚。
啊～肚子好撐。
圓滾

外來種只要換個名字，給人的印象就截然不同

在岐阜縣的下小鳥人工湖已有超過20年的養殖歷史，以「川鮠」的名字在高級餐廳和旅館、飯店，做成生魚片、蒲燒、天婦羅、油炸等料理販賣。

因為脊骨很硬，所以不用去頭也沒關係喵。
皮是腥味來源，要去皮喵。
內臟破裂的話會有腥味，所以只吃魚肉喵，
浸泡牛奶可以有效去腥喵。
味道廣受好評喵。
川鮠

有點危險但很好吃

黃顙魚

Pseudobagrus fulvidraco

危險度： ◯◯◯

分　類：輻鰭魚綱鯰形目鱨科
原產地：中國東北部、朝鮮半島
體　長：20cm（最大34.5cm）
其　他：有4對鬍鬚，鼻子上邊的鬍鬚較長，甚至長到眼睛之後。胸鰭的尖刺為鋸齒狀，可以發出威嚇的噪音。另有與同屬的魚種雜交的風險。

- 棲息在河川和水渠，已在霞之浦定居的可能性很高
- 侵入途徑不明，有來自遺棄的寵物、或逃離養殖場等說法

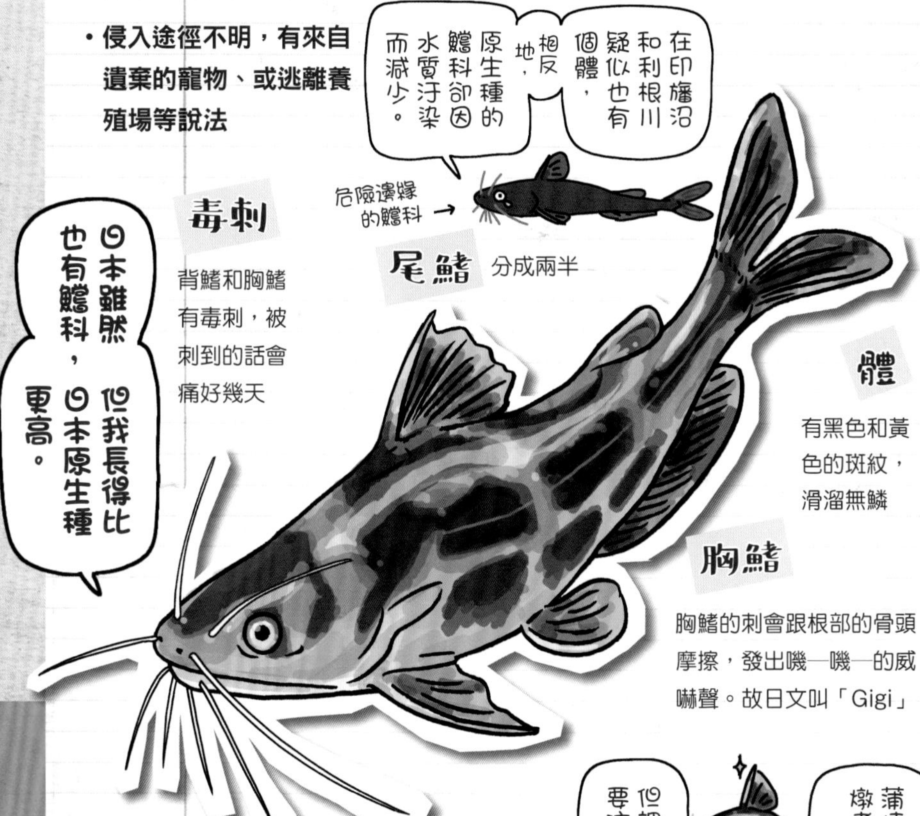

在印旛沼和利根川疑似也有個體，
相反地，
原生種的鱨科卻因水質汙染而減少。
危險邊緣的鱨科
日本雖然也有鱨科，但我長得比日本原生種更高。
毒刺
背鰭和胸鰭有毒刺，被刺到的話會痛好幾天
尾鰭
分成兩半
體
有黑色和黃色的斑紋，滑溜無鱗
胸鰭
胸鰭的刺會跟根部的骨頭摩擦，發出嘰─嘰─的威嚇聲。故日文叫「Gigi」

蒲燒或燉煮很好吃，
但調理時要注意毒刺。

- 肉質白而味美，在中國等地被當成食用魚養殖
- 若在國內定居，可能會壓迫到原生種

雜食性：水生昆蟲、蝦子、小魚等動物為主

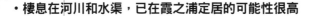

怪奇！可在陸地行走的香蕉紋鯰魚

蟾鬍鯰（土虱）

Clarias batrachus

危險度： 世界100 世界100 世界100

分　類：輻鰭魚綱鯰形目塘虱魚科
原產地：東南亞、印度
全　長：55㎝
其　他：原本是灰褐色，但侵入沖繩的個體是被人為改良出大理石紋等特殊顏色的品種，故在日本又叫香蕉鯰魚。

- 夜行性且具攻擊性，棲息於湖沼、水田、濕地、河川、運河
- 作為寵物引進的白化症和大理石紋改良種被棄養後在沖繩定居

克萊拉爬起來了!!
克萊拉*……
拍動
其實長這樣
在家鄉其實是外表很樸素的魚呢。
拍動
扭
爬起來！我終於爬起來了!!
鬚
哎呀！我也一樣不換氣的話就會死呢！
外來種夥伴鱧魚
扭

腹鰭 可用側腹的刺在地面扭動爬行，最長可移動30分鐘左右

- 可在空氣中呼吸，故能在陸地上用爬行的方式行走；相反地不擅長用鰓呼吸，在水中若不定時換氣就會窒息死

觸覺器官，可感知震動和聲音，數量是日本花鯰的兩倍，非常敏感、警戒心強

雜食性：水生昆蟲、貝類、甲殼類、小型魚類、水草等

＊蟾鬍鯰的日文俗名（クララ）跟《阿爾卑斯山的少女》的配角克萊拉（Clara）日文發音相同。

高人氣的危險分子

高體鰟鮍

Rhodeus ocellatus ocellatus

危險度： 日本100 日本100 日本100 日本100

分　類：輻鰭魚綱鯉形目鯉科

原產地：中國、朝鮮半島、台灣

全　長：6～8㎝

其　他：繁殖期雄魚會發出美麗的金屬光澤。比本種的亞種，日本原生種長得更快，有大型化的傾向。在原生種無法棲息的環境也能繁殖。

- **棲息於平原地區的湖泊和河川濁水區、農業水渠等地**
- **對惡劣水質很有耐性，產卵數也高，會把卵產在各種貝類內，是會威脅到黑腹鱊生存空間的優勢物種**

我會在背角無齒蚌等淡水雙殼貝類上產卵喔。
無齒蚌這名字太難聽了吧？

眼

成魚的雄性眼睛會變紅色

婚姻色

繁殖期的雄魚會變成婚姻色，背部發出青綠色光澤，胸部和側腹則呈大紅色。雌魚不會像雄魚有婚姻色

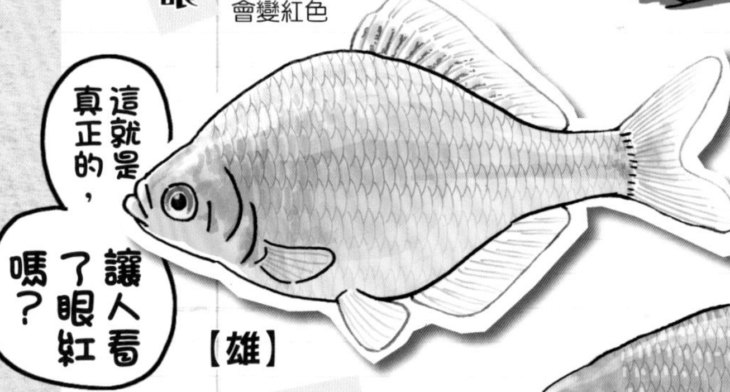
這就是真正的，讓人看了眼紅嗎？

【雄】

你的眼睛是不是充血了啊？老公。

【雌】

鬚

雖然是鯉科，但沒有鬍鬚

腹鰭

雄性的腹鰭前緣有日本亞種沒有的白色

產卵管

繁殖期的雌魚會從下腹部伸出產卵管

最適合新手的外來種喔。
來買來買
便宜！
好養!!
可愛!!!
amazones

- **飼養容易，而且便宜，是人氣觀賞魚類，在網路上也買得到**

雜食性：幼魚主要以動物性浮游生物，成魚則以附著藻類和搖蚊為食

外來種高體鰟鮍的崛起劇場

最初是混在草魚的魚苗內進入，在利根川水系定居。
1940年代
我要在這個國家稱霸！
20年後擴張到琵琶湖，而現在……
日本已經是我們的天下啦～！
稱霸全國
已成為全日本河川和水渠中隨處可見的魚。
而且可輕易與日本原生的亞種日本鰟鮍雜交。
欸，來嘛來嘛？反正我們本來就長很像，根本分不出來啦。
不會被發現啦
日本鰟鮍的雌魚
可是……
嗚嗚～
遭到驅逐的日本鰟鮍已瀕臨滅絕。
然而，就連這樣的高體鰟鮍……
長這麼小還敢這麼囂張啊？
吞
可惡～
在某些地區卻被黑鱸、藍鰓太陽魚吃得一乾二淨，完全滅絕。

為何沒有被指定成特定外來種？

因為太多人當成觀賞魚在養了啊。
突然管制的話肯定又會被大量棄養。
到底哪隻是哪隻……
而且跟日本很難區辨，難以精準驅除。
在茨城縣、埼玉縣、石川縣等地，跟香魚一樣被視為可捕撈河魚，被做成串燒、甘露煮、佃煮等料理。
因其獨特的苦味而評價兩極。

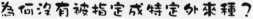

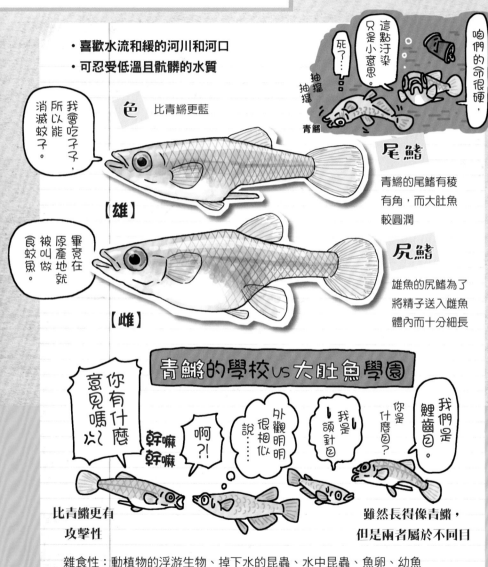

把青鱂也殺光的「蚊子殺手」

大肚魚

Gambusia affinis

危險度： 日本100 世界100 日本100

分　類：輻鰭魚綱鯉齒目花鱂科
原產地：美國中南部
全　長：雄3cm／雌5cm
其　他：別名食蚊魚，外觀跟青鱂很像。跟青鱂不同不會產卵，而是直接生出幼魚的胎生魚，繁殖力很強。

咱們的命很硬，
這點汙染只是小意思。
死了…!?
抽搐抽搐
青鱂

- 喜歡水流和緩的河川和河口
- 可忍受低溫且骯髒的水質

色 比青鱂更藍

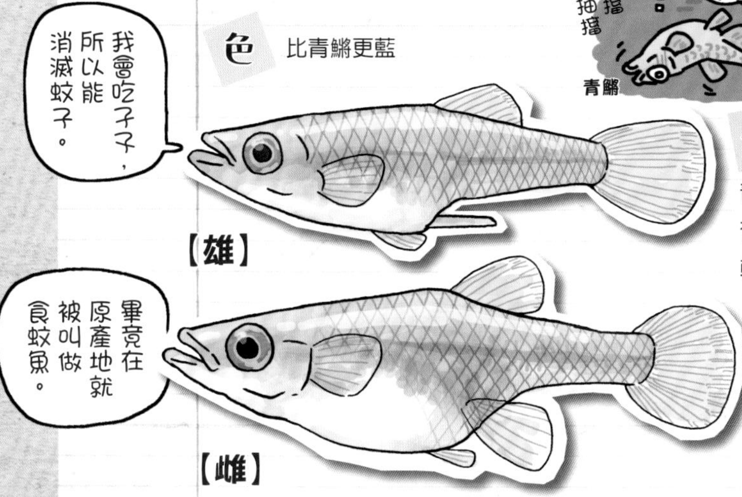

我會吃孑孓，所以能消滅蚊子。
【雄】
畢竟在原產地就被叫做食蚊魚。
【雌】

尾鰭

青鱂的尾鰭有稜有角，而大肚魚較圓潤

尻鰭

雄魚的尻鰭為了將精子送入雌魚體內而十分細長

青鱂的學校vs大肚魚學園

我們是鯉齒目。
你是什麼目？
我是頷針目
外觀明明很相似說……
啊?!
幹嘛幹嘛
你有什麼意見嗎?!

比青鱂更有攻擊性

雖然長得像青鱂，但是兩者屬於不同目

雜食性：動植物的浮游生物、掉下水的昆蟲、水中昆蟲、魚卵、幼魚

為消滅瘧疾而引進的明星外援

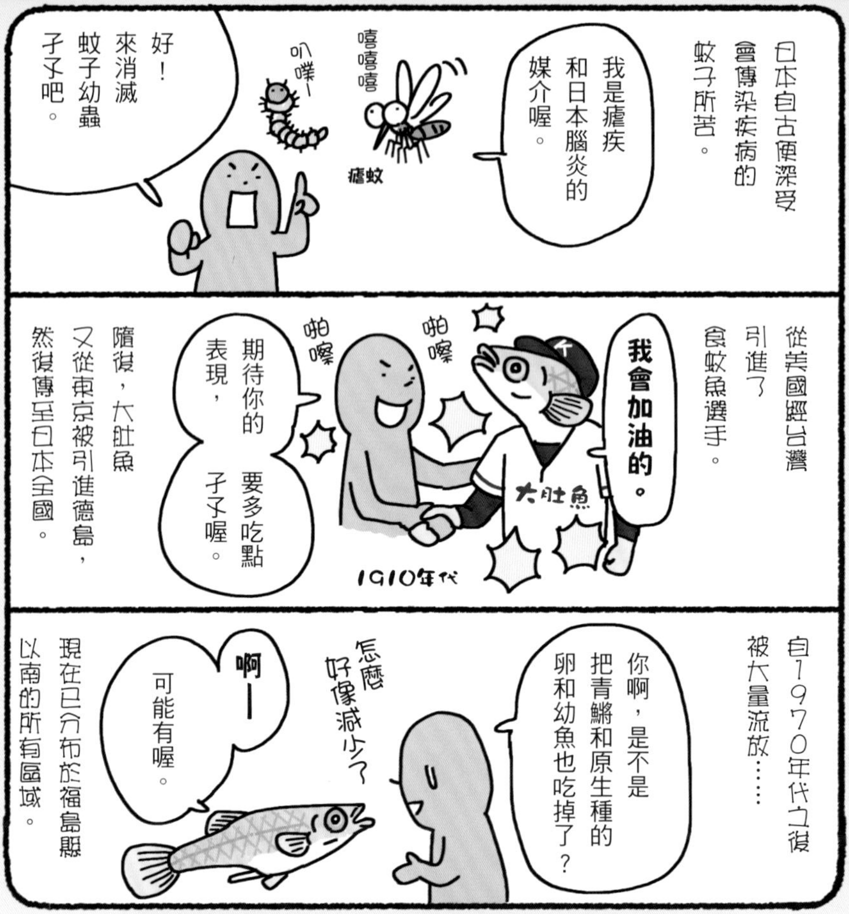
日本自古便深受會傳染疾病的蚊子所苦。
我是瘧疾和日本腦炎的媒介喔。
嘻嘻嘻
瘧蚊
叭噗—
好！來消滅蚊子幼蟲孑孓吧。
從美國經台灣引進了食蚊魚選手。
我會加油的。
啪嚓
啪嚓
大肚魚
期待你的表現，要多吃點孑孓喔。
1910年代
隨後，大肚魚又從東京被引進德島，然後傳至日本全國。
自1970年代之後被大量流放……
你啊，是不是把青鱂和原生種的卵和幼魚也吃掉了？
怎麼好像減少了
啊—可能有喔。
現在已分布於福島縣以南的所有區域。

不生蛋而生小魚的大肚魚一家生育計畫

雖然老公不知道跑去哪了，但交配時的精子已經儲存在體內。
媽媽—
媽媽—
就算只有1條雌魚也能生出一整群喔。
直接生小魚的話也不需要水草，
另外這些孩子雖然春天才出生，但到秋天就能繁衍下一代囉。

生命力超頑強的新手用熱帶魚

孔雀魚

Poecilia reticulata

危險度：〇〇〇

分　類：輻鰭魚綱鱂形目花鱂科

原產地：南美北部、西印度群島一部分

全　長：雄3.5cm／雌5cm

其　他：別名「彩虹花鱂」的美麗魚類。生命力很頑強，繁殖力也高，在攝氏25度以上的水溫可每月繁殖一次。

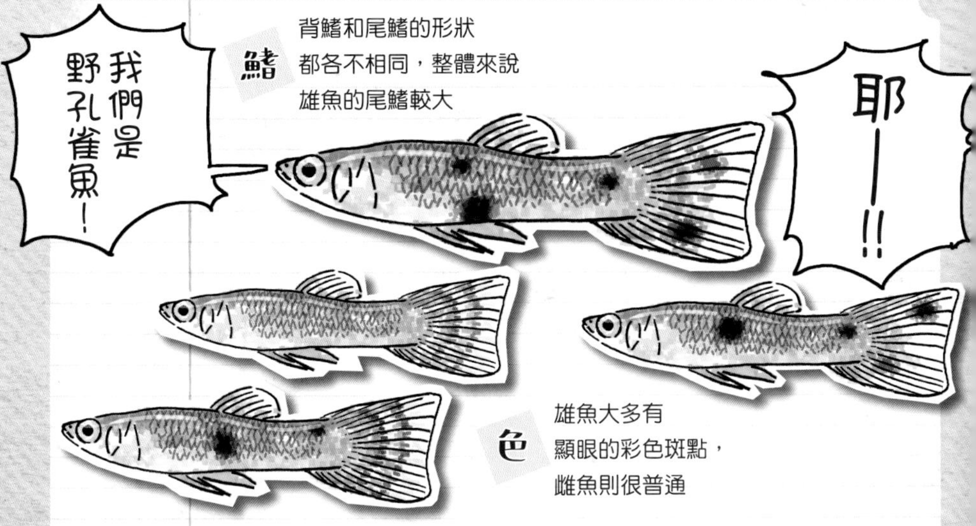
我們是野孔雀魚！
耶——!!

鰭 背鰭和尾鰭的形狀都各不相同，整體來說雄魚的尾鰭較大

色 雄魚大多有顯眼的彩色斑點，雌魚則很普通

超群的繁殖力！
我又生了~
恭喜啊！
濁水也能輕鬆適應！
這水好像有點髒？
沒事的啦!!
在半鹹水中也沒問題！
這水好像有點鹹？
沒差啦！

還有我們在喔。

斑馬魚　劍尾魚

- 人類養的寵物被丟棄後在沖繩和溫泉地、排放溫水的河川等地定居

日子愈來愈難過了…

青鱂

雜食性：藻類、小動物、家庭廢水中所含的有機物

又叫條紋魚

銀花鱸魚

Morone saxatilis

危險度：◯◯

分　類：輻鰭魚綱鱸形目狼鱸科
原產地：北美
全　長：50cm（最大200cm）
其　他：別名「條紋鱸」，會跟日本真鱸或金眼狼鱸雜交，生出俗稱陽光鱸魚的雜交種，對生態系有巨大影響。

- 棲息於內灣、河口、沿岸海域等各種水域
- 產卵時會溯溪而上
- 尚未在日本定居，但近年有在東京灣、霞之浦捕撈到的紀錄

最大全長200cm！
咚——！
我是自動販賣機。

背鰭 分成前後兩段

體

體高略低，全身為閃亮的銀白色，並有6～9條黑色條紋

- 原本是洄游性魚類，但也有被人為封鎖在人造湖內的個體群
- 1927～73年間曾數度被引進日本，但還沒有在野外定居的紀錄
- 在美國是運動釣魚的對象之一，廣受歡迎

連冬天的低水溫也能忍耐，故日本全境都有定居風險！
大概啦。
雖然大家都叫鱸魚，但我不是真鱸科喔。

肉食性：成魚主要以魚類、甲殼類為食

容易被誤會成原生種的外來種

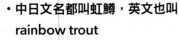

虹鱒

Oncorhynchus mykiss

危險度：日本100 世界100 日本100 世界100

分　類：輻鰭魚綱鮭形目鮭科

原產地：北美西岸、堪察加半島

全　長：40～80cm

其　他：常常能在山中露營區的釣魚活動釣到，所以感覺很像原生種，但其實無論在全世界、日本都是前百大侵略性外來種。

- 棲息於平原到高山的河川或湖泊，雖然是冷水性，但也能適應高水溫，且很耐疾病，所以在全球都有養殖
- 日本本州以南每年都被大量流放供釣客娛樂

反正全部都會被人釣走。
真的嗎？
反正梅雨季的水量增加時會繁殖失敗，應該不會定居吧。

花紋
從頭部到尾鰭，除了側腹以外幾乎都有黑色的水珠斑紋

頭
嘴巴前端略圓潤

咿——哈！
我是百分百的外來種喔!!
rainbow trout

縱紋
魚鰓到尾部有條紫紅色的帶狀紋

- 中日文名都叫虹鱒，英文也叫 rainbow trout
- 幼年時身上有橢圓形斑點，長得像山女鱒

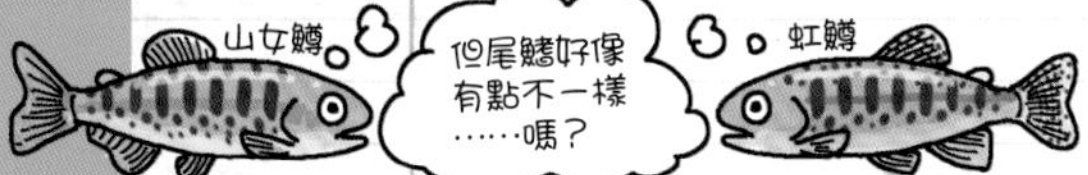
山女鱒
但尾鰭好像有點不一樣……嗎？
虹鱒

一起到彩虹的彼端吧。

可做成生魚片或薄切生肉。

- 魚肉跟鮭魚一樣是粉紅色，常以奶油香煎或油炸、鹽烤來吃

肉食性：水生・陸生昆蟲、蚯蚓等環節動物、甲殼類，長大後則傾向吃魚，會捕食原生種

雖然黑鱸很麻煩，但虹鱒也相當棘手

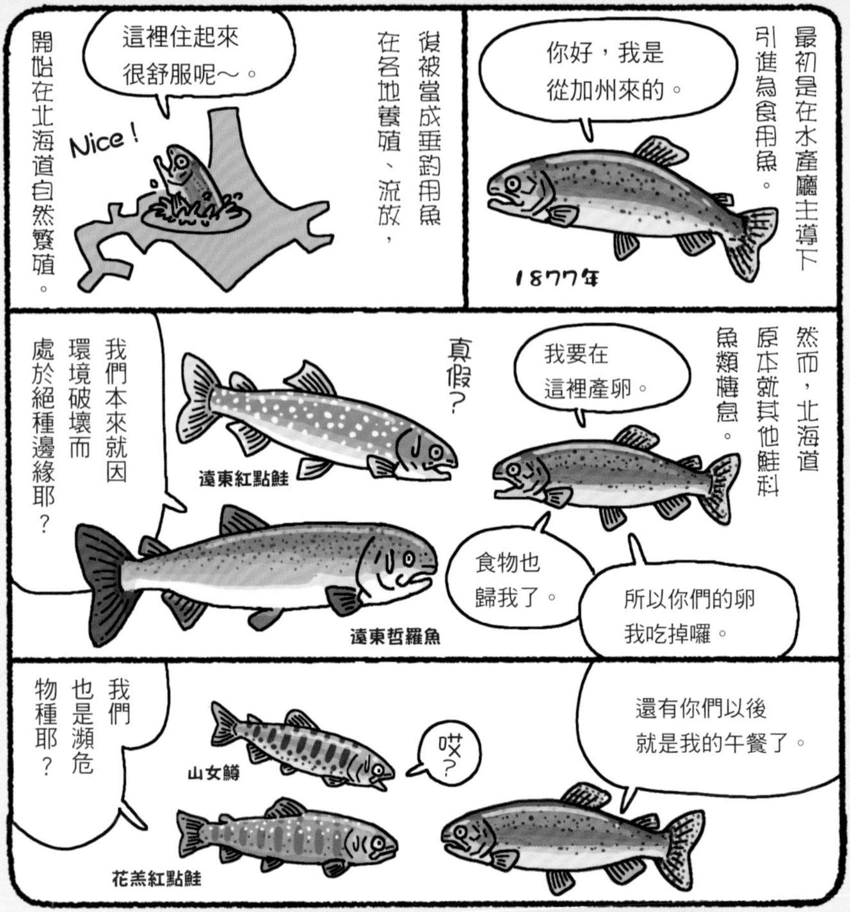
最初是在水產廳主導下引進為食用魚。
你好，我是從加州來的。
1877年
後被當成垂釣用魚在各地養殖、流放，
這裡住起來很舒服呢～。
Nice！
開始在北海道自然繁殖。
然而，北海道原本就其他鮭科魚類棲息。
我要在這裡產卵。
真假？
食物也歸我了。
所以你們的卵我吃掉囉。
我們本來就因環境破壞而處於絕種邊緣耶？
遠東紅點鮭
遠東哲羅魚
還有你們以後就是我的午餐了。
哎？
我們也是瀕危物種耶？
山女鱒
花羔紅點鮭

被釣客寵愛過頭而無法列入指定外來種

為了保護原生種，我想把虹列入指定外來種……。
北海道廳
不准把虹鱒列入指定外來種！管制的話以後不就不能流放了嗎！這是妨礙生意！
我們有兩萬五千人份的聯署喔！
WE ♥ NIJIMASU！
以前我們甚至因為妨礙到鮭魚、鱸魚養殖業而被當成害魚。
人類到底有多自我本位啊……實在太自私了。
花羔紅點鮭
遠東哲羅魚

嚴重！黑鱸危機重演！

褐鱒

Salmo trutta

危險度： 日本100 世界100 日本100 世界100

分　類：輻鰭魚綱鮭形目鮭科
原產地：歐洲～西亞（鹹海）
全　長：50㎝（最大100㎝）
其　他：跟黑鱸一樣，都是運動釣魚的對象之一，因為釣客擅自移植流放，對各地的生態系造成很大影響。

- **冷水性，棲息在河川、湖沼，有些個體會為了產卵而逆流而上**
- **一般認為是混在進口的河鱒或虹鱒的魚卵中進入的**
- **因為釣客私下流放，分布地據信已擴張到北海道、栃木縣、神奈川縣等地**

我想釣褐鱒。
我要大生特生囉！
抓
俗稱黑鱸的大口黑鱸
這故事聽起來好耳熟啊。
油炸或奶油香煎後可以吃喔。

體 外形類似虹鱒，但體色為帶綠的褐色，且沒有彩虹色的紋帶，特徵是白色邊緣的黑色和紅色斑點

- **長大後很喜歡吃魚，在有些河川甚至把原生魚種全部吃光，對生態系造成極大影響**
- **在其他各國的河川也面臨跟日本一樣的問題**

肉食性：成魚非常喜歡吃魚。也會捕食陸生・水生昆蟲和甲殼類

遠東紅點鮭、
和珠星三塊魚都好吃！

咦！那種魚會變這樣嗎?!

野翼甲鯰

Pterygoplichthys disjunctivus

危險度：○○○○

分　類：輻鰭綱鯰形目甲鯰科
原產地：巴西（亞馬遜河Madeira河流域）
全　長：40～70㎝
其　他：以甲鯰科的統稱「琵琶鼠」（或清道夫魚）為人所知。原本是棲息在亞熱帶的淡水魚，但在低水溫環境也可生存，且對汙濁水質的耐受力也很強。

- 在河川中游或池塘、沼澤內棲息，可在攝氏5度的水溫中生存
- 寵物魚長大後被丟棄後大繁殖
- 會跟原生種爭奪產卵場所和食物

我們的青苔！
咕扭
咕扭
琉球香魚

水槽的清道夫
幼魚的時候便宜又可愛。
熱帶魚店常見黏在水槽上的那種魚
但長大變這樣
咚——！

鱗

硬梆梆，就連菜刀也砍不進去，猶如鎧甲一般

腹

長滿唐草紋風的斑紋

- 常常在沖繩的河川裡擠成一團

ウジャウジャ
ウジャ
※擠擠

頭

頭部也跟石頭一樣硬

口

位於腹部，嘴巴為吸盤狀，有刷子狀的牙齒和一對鬍鬚

- 會在護岸上挖洞產卵，有可能引起地層下陷

在亞馬遜地區是魚市場常見的食材喔。

雜食性：跟兇猛的外觀相反，以附著藻類和有機碎屑（生物的排泄物、屍體、食物殘渣等有機漂浮物）為主食，也會吃底棲生物

悲劇！維多利亞湖的惡夢

尼羅尖吻鱸

Lates niloticus

危險度： 世界100 世界100 世界100 世界100

分　類：輻鰭魚綱鱸形目尖嘴鱸科

原產地：西非～尼羅河流域

全　長：100～200cm

其　他：1950年代，維多利亞湖因濫捕而導致漁業衰敗後，引入了此種魚。然而，卻導致了湖中半數的原生魚類滅絕的悲劇。

- **棲息於湖泊沿岸、水流和緩的河川、水渠等**
- **壽命達10以上，體長可達2公尺，體重200公斤**
- **在日本曾被當成觀賞魚進口，但尚未有野外流放、定居的紀錄**

在鹹水和濁水中也能適應。
但不耐寒冷。
抖抖
抖抖

尾鰭
如團扇般的圓形
沖繩好像也很適合居住呢。
顎
下顎比上顎略突出
體色
銀灰色的身體上有複雜的褐色斑紋
流口水…
那，我開動了。
沒有食物的話吃同類不就好了嗎!!
嚇！

- **非常貪吃的大胃王**
- **會在靠近水岸的水草內築巢，產下約100萬～1000萬顆卵**

肉食性：幼魚以動物性浮游生物為食，長大後則吃魚類、甲殼類。身長超過50cm後會變得嗜食魚類，沒有東西吃時會捕食同類

甚至被拍成電影的全球最嚴重外來種問題

維多利亞湖是非洲最大的湖，也是淡水魚的寶庫。
因長年的濫捕而使漁獲量驟減！
非洲大陸
面積是九州的2倍
1950年代（英國殖民地時代）
那把這傢伙放進湖裡吧。
體型大又好吃，繁殖力好像也很強。
這就是一切惡夢的開始。
他是英國殖民地政府水產局的官員喔。
由於維多利亞湖的魚幾乎都是草食性，使得原生種銳減。
超過200種絕種了！
嗚嗚嗚！
那種肉食魚太會吃了啊！
不僅如此，為了進行魚肉加工，周圍的森林遭到破壞。
砍來當成煙燻的燃料。
藻類在只剩下肉食性的尼羅尖吻鱸的維多利亞湖大量增生。
缺氧狀態
沒有草食魚就吃自己人吧。
結果導致更多魚類死亡，而尼羅尖吻鱸的數量也因汙染和濫捕而下降。

以前曾以「白鱸」的商品名上市

明明是淡水魚卻沒有腥味，而且味道類似鱸魚，因此尼羅尖吻鱸在加工後也被輸出海外。

尼羅尖吻鱸可以賣很多錢。
因為太貴了我們自己不會吃，
但太小隻賣不掉的我們會吃。
維多利亞湖的居民們

在日本曾以白鱸的名稱流通過，可在餐廳、迴轉壽司店吃到。

雖然不是真鱸科，但很好吃喔！
炸白身魚

危險度：◯◯◯

外貌兇惡卻膽小的巨大古代魚

福鱷

Atractosteus spatula

分　類：輻鰭魚綱雀鱔目雀鱔科
原產地：美國東南部、墨西哥東部
全　長：120～180cm（最大可超過300cm）
其　他：在魚類中擁有原始外表的古代魚之一。可在淡水或鹹水生存。在日本7種雀鱔科及其雜交種全都屬於特定外來生物。

- 外表自2億年前就沒有什麼改變的活化石
- 成長速度非常快，體長可達1.5～2.5m，壽命也很長

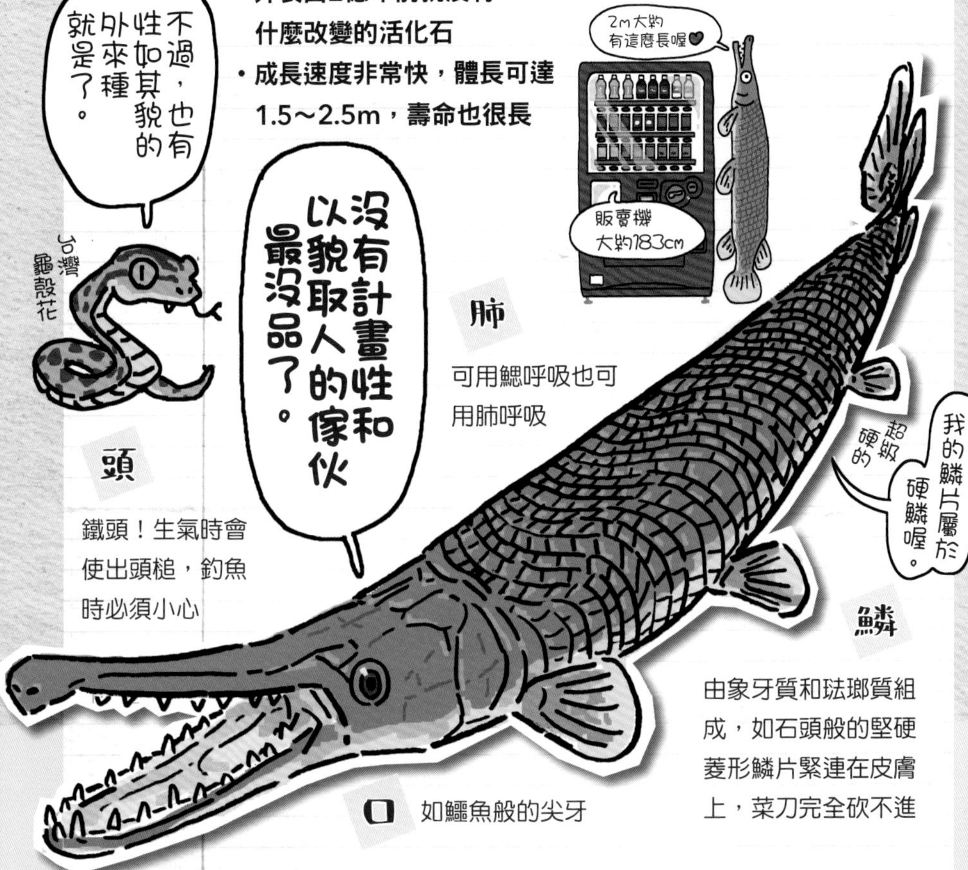
不過，也有性如其貌的外來種就是了。
台灣龜殼花
沒有計畫性和以貌取人的傢伙最沒品了。
2m大約有這麼長喔♥
販賣機大約183cm
我的鱗片屬於硬鱗喔。
超級硬的

肺

可用鰓呼吸也可用肺呼吸

頭

鐵頭！生氣時會使出頭槌，釣魚時必須小心

鱗

由象牙質和琺瑯質組成，如石頭般的堅硬菱形鱗片緊連在皮膚上，菜刀完全砍不進

口 如鱷魚般的尖牙

- 儘管外表看起來兇惡，但性格意外地膽小溫順

肉食性：幼魚吃孑孓、水蚤等蜉蝣生物，長大後則以魚類、鳥類、蝦子、螃蟹等甲殼類為食

誰是鱷魚啊沒禮貌
雖然我長得像鱷魚，
基本上只能吃比自己小的東西。
但在原產地從來沒有攻擊人的案例喔。

衝動購買而被丟棄的古代魚寵物

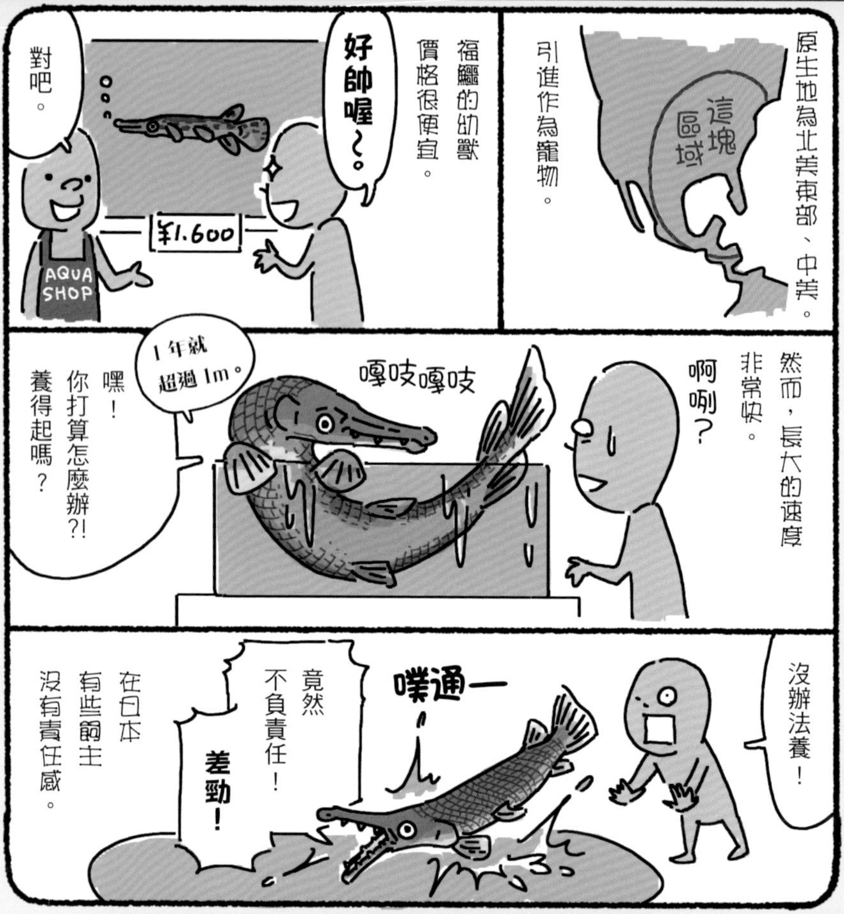
原生地為北美東部、中美。
這塊區域
引進作為寵物。
福鱷的幼獸價格很便宜。
好帥喔~。
¥1,600
AQUA SHOP
對吧。
然而，長大的速度非常快。
啊咧？
嘭吱嘭吱
1年就超過1m。
嘿！你打算怎麼辦?!養得起嗎？
沒辦法養！
噗通—
竟然不負責任！
差勁！
在日本有些飼主沒有責任感。

禁止所有雀鱔科的飼育、販賣、運送！已經飼養需取得許可

2018年所有雀鱔科列為指定外來種。

牠們本來就是會成長到2、3公尺的巨大魚種，為什麼會如此輕易地販賣呢？販賣方又有確實對購買者說明嗎？

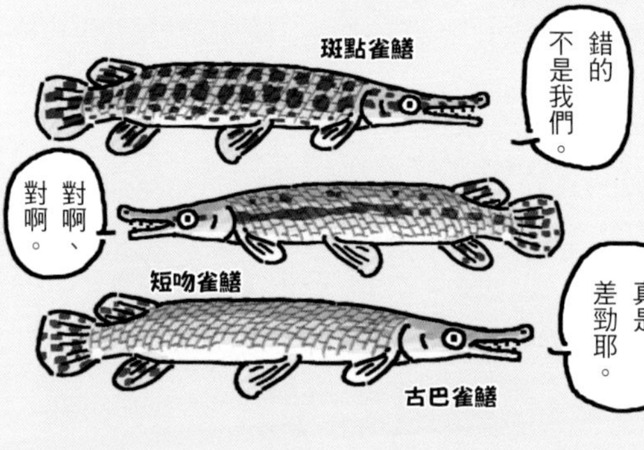
斑點雀鱔
錯的不是我們。
對啊、對啊。
短吻雀鱔
真是差勁耶。
古巴雀鱔

會吃家鴨的巨大鴨嘴魚

白斑狗魚

Esox lucius

危險度：

分　類：輻鰭魚綱狗魚目狗魚科
原產地：北美、歐洲、亞洲北部
全　長：50～130cm（最大150cm）
其　他：在日本又叫北方狗魚。大型魚的本種和北美狗魚以及其他狗魚科，在日本都屬於特定外來生物。

- 棲息於水生植物多的和緩河流或湖沼
- 全長達150cm的大型高級掠食者
- 非常貪吃，只要是水邊的生物都吃
- 壽命可達20年以上
- 性情凶暴，且沒有巢穴和地盤意識，也不會育兒，但繁殖力旺盛，會在淺灘的水草和木片上產下15萬顆以上的卵

斑點
成魚身體有綠褐色的明亮斑點
啊～，沒想到最後的景色是這個。
連體型差不多的同類都不放過。
大生特生
你們要自己堅強地活下來。
小子們！我會生很多兄弟姊妹的，
好～
嗚呼呼，好可愛的屁屁♥真想吃一口。
嚇！
殺氣!!
趁現在快逃！
剉剉剉～
要死了要死了要死了要死了!!
牙
兩顎都有巨大銳利的牙齒
吻部
特殊的鴨嘴狀

肉食性：幼魚吃動物性浮游生物，成年後吃魚類、甲殼類。全長超過50cm後則嗜吃魚類，沒有東西吃時會獵捕同類

趕走黑鱸的狗魚

在外國，白斑狗魚和北美狗魚都是高人氣的運動釣魚魚種。
因為我們很好上鉤，而且反抗力很強啊。
鴨子真好吃～
白斑狗魚
北美狗魚甚至可達2公尺長喔。
北美狗魚
我想釣。
在美國被釣客流放在各地。
USA
Hey, what's up! I'm 狗魚!
北美狗魚在威斯康辛州的湖泊中把大口黑鱸都趕走了。
Oh! Man!
大家熟悉的黑鱸
白斑狗魚則是人氣食材。
tasty

可忍耐低水溫，故在日本定居的可能性大

目前日本野外仍未有引進紀錄，但由於作為觀賞魚在市場流通，所以也有在湖沼或河川定居的風險，可能會捕食、競爭、或趕走原生生物，造成極大的影響。

聽說日本有很多藍鰓太陽魚和黑鱸？
哎？你會幫我們吃黑鱸和太陽魚嗎？
那也把你流放在日本吧？
快住手，牠也會吃原生種啊。

長得像鯉魚卻不是鯉魚

草魚

Ctenopharyngodon idella

危險度：日本100 日本100 日本100

分　類：輻鰭魚綱鯉形目鯉科

原產地：中國、朝鮮半島

全　長：50～100cm（最大150cm）

其　他：乍看之下很像鯉魚，但草魚沒有鬍鬚，身形和背鰭也更流線，眼睛位在嘴巴正後方，特徵跟鯉魚不同。

- 河棲息於河川下游，水草茂盛且流速和緩的河岸或湖沼
- 在中國屬食用魚，從唐代就有養殖

再給我多來點！碗碗端上來！
雜草好吃～
連垂落水面的青草也吃喔。
可以用草當餌來釣的魚

- 食欲旺盛，每天約可吃掉自身體重1～1.5倍的水草的素食主義者

鱗
魚鱗有黑邊，整體看起來就像有網紋
鬚
雖然類似鯉魚，但沒有鬍鬚
沒錯，我不是故意吃那麼多的。

- 產卵期會溯溪而上，一邊濺起水花一邊成群在流水中產卵

- 魚卵不是在順流而下的過程中孵化，就是流進大海死亡，所以只能在有廣闊下游的河川繁殖

倒數孵化開始!!
嗶
嗶
嗶
嗶
完了！
完了！
完了！
完了！
浮浮沉沉
會跳的魚可不只有鰱魚喔！
啪搭

草食性：茭白、蘆葦、苦草、水王孫、茨藻、眼子菜等，會大量進食水草或水邊的植物，只要餵食的話連割掉的雜草也吃

政府好不容易成功引進後卻沒人要吃

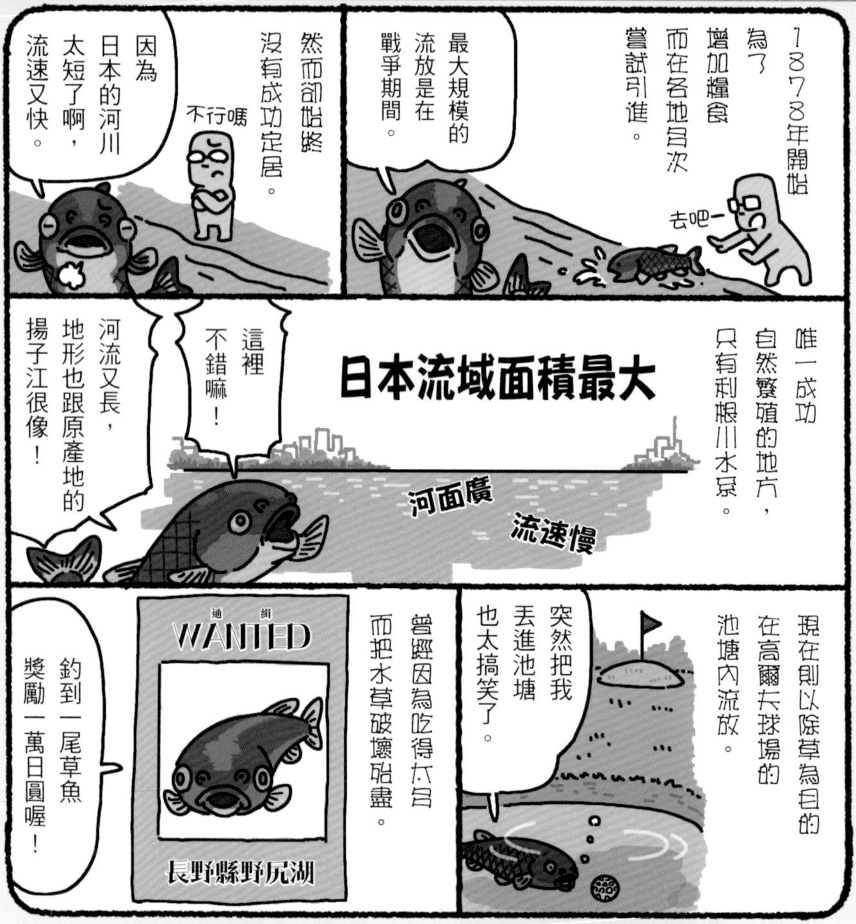

1878年開始為了增加糧食而在各地多次嘗試引進。
去吧—
最大規模的流放是在戰爭期間。
然而卻始終沒有成功定居。
不行嗎
因為日本的河川太短了啊，流速又快。
唯一成功自然繁殖的地方，只有利根川水系。
日本流域面積最大
河面廣
流速慢
這裡不錯嘛！
河流又長，地形也跟原產地的揚子江很像！
現在則以除草為目的在高爾夫球場的池塘內流放。
突然把我丟進池塘也太搞笑了。
曾經因為吃得太多而把水草破壞殆盡。
通緝
WANTED
長野縣野尻湖
釣到一尾草魚獎勵一萬日圓喔！

在利根川水系定居的「中國四大家魚」

一如牛或是豬等家畜，在中國也有四種自古養殖的四大家魚。

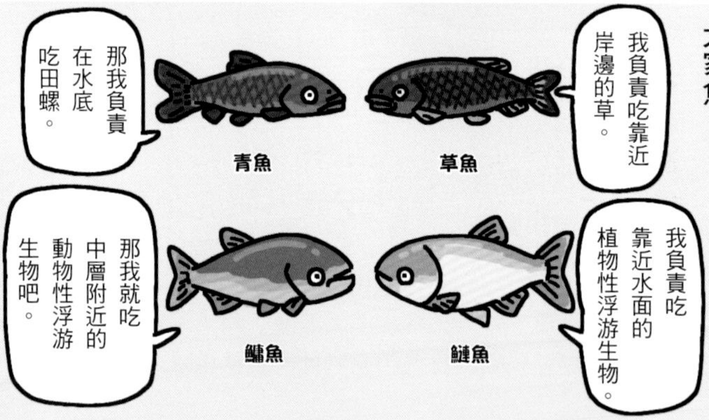

我負責吃靠近岸邊的草。
草魚
那我負責在水底吃田螺。
青魚
我負責吃靠近水面的植物性浮游生物。
鰱魚
那我就吃中層附近的動物性浮游生物吧。
鱅魚

因為繁殖環境類似，所以當初流放時被夾雜在草魚中定居於利根川水系。

中國三大名魚之一

鱖魚

Siniperca chuatsi

危險度： 日本100 日本100 日本100 日本100 日本100

分　類：輻鰭魚綱日鱸目鮨科
原產地：中國
全　長：70㎝
其　他：在中國被列為三大名魚受到重視。因肉質美味被譽為長江鯛。同屬的斑鱖在原產地也是高級食用魚，但在日本卻被指定為特定外來生物。

中國三大名魚成員

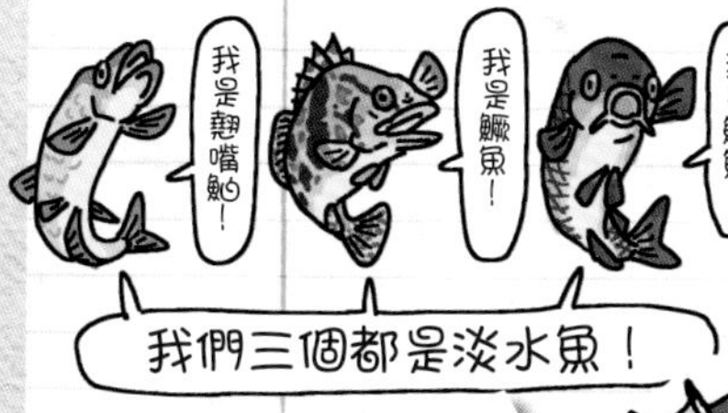
我是翹嘴鮊！
我是鱖魚！
我是鯉魚！
我們三個都是淡水魚！

- **夜行性，棲息於湖沼、河川的緩流區，可耐寒**
- **作為觀賞魚引進日本，但沒有流放、定居的紀錄**

口　顎根比眼睛還後面，嘴巴可張至很大

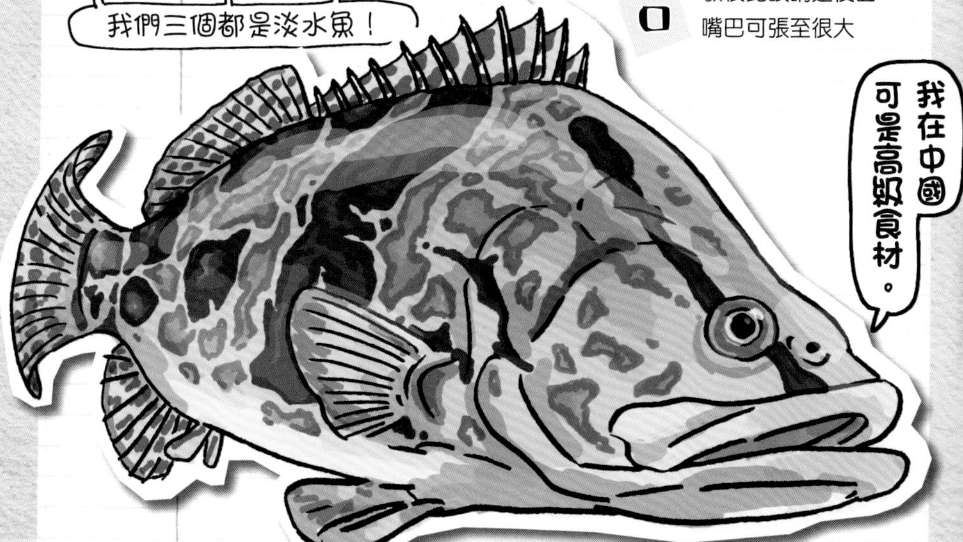
我在中國可是高級食材。

斑紋　身體為黃褐色，有暗褐色的不規則紋路

- **曾有企業家計畫將其引進當成食用魚**

- **如果引進日本，恐怕會廣泛定居，與原生種形成捕食或競爭關係，造成極大的影響**

肉食性：主要捕食魚類，也會吃甲殼類等。幼魚會捕食其他魚類的幼魚

引進大口黑鱸的赤星鐵馬。
鱖魚真好吃。

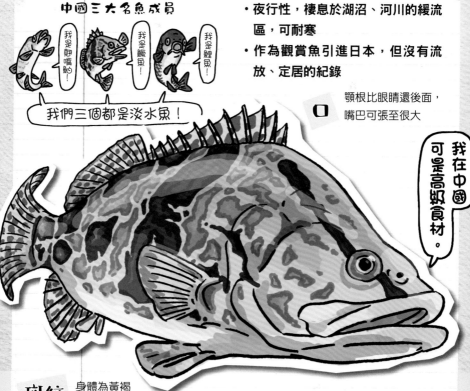

適應力超群！在全球都有養殖

尼羅口孵非鯽

Oreochromis niloticus

危險度：○○○○

分　類：輻鰭魚綱鱸形目慈鯛科

原產地：非洲

全　長：60cm（少數會超過100cm）

其　他：在戰後作為糧食引進日本，在日本又叫清泉鯛。與同屬的莫三比克口孵非鯽同為世界百大侵略性外來種。

- 非常強韌而且兇猛，連城市的下水道也能生存
- 棲息於有溫泉水、溫泉排放水流入的河川或水渠

就算是海水2倍的濃度也能適應喔。
在日本各地的河川繁殖中。

鰭 尖銳，透紅色，非常大

人家都說我吃起來像鯛魚！
在日本以外很受歡迎喔！

斑紋 8～10條條狀斑紋，尾鰭斑紋也是條狀

- 目前引進日本的有三種

但我跟你不同屬啊。
喂，來雜交吧！
尼羅河種。
齊氏非鯽
莫三比克口孵非鯽

- 雌魚會把卵和幼魚含在口中，保護牠們長大，所以繁殖力也很強

不是掌上而是口中明珠。
把精子吸進口中在雌魚的嘴裡受精喔。

雜食性：非常貪吃，只要能吞的就算是腐爛的植物或死掉的動物、菜渣，無論什麼都吃。沒有東西吃的話會捕食同類

我們人類所能做的事

為了不使侵略性外來種對生態系造成更多的影響，我們究竟可以怎麼做呢？身為飼主、旅客、園藝家、釣客等等，不同身分的人，都應該思考自己究竟能做些什麼。

飼主、旅行者能做的事

身為寵物飼主能做的事，就是將自己飼養的寵物好好照顧到最後。無論遇到什麼狀況，都絕對不能將之放生，付出愛情照顧家裡的寵物，也有助於守護豐富的生態系。

飼養水生生物的人，生物本身自不用說，就連水槽的水都應該謹慎處理，不要直接倒進河川內。因為，外來的水草上可能附有外來種微生物，如果直接把飼養用水倒進河川，有可能會破壞當地的河川生態系。另外，從外國進口的觀賞用水草中，也有一些後來被指定為侵略性外來生物，如果隨便丟到野外，就有大繁殖的可能。

而飼養外國進口的生物前，一定要調查清楚生物是否透過合法途徑進口，以及有沒有攜帶會影響生態系的害蟲或疾病。如果覺得有風險，事前可以請求寵物店提供說明。

有些種類的寵物曾經風靡一時，但現在卻成為「特定外來生物」，被禁止飼養。所以飼養前務必要先確認自己準備飼養的生物有沒有在禁止名單上。

而喜歡到外地遊的人，也有需要注意的地方。旅客的鞋子上，有時可能會在旅行地沾到自己的居住地所沒有的植物種子或昆蟲。還有，旅行時所穿的衣服和包包等行李也可能沾到。

外出旅行的時候，以及準備回來的

時候，一定要仔細清掉鞋子、衣服、包包等行李上的污垢、沙子、和灰塵，小心不要把其他地區的生物帶回家鄉。

此外，故意將生物、水果、種子、土壤等帶去旅行地，或是從旅行地帶回，也會破壞兩邊的生態系，是絕對禁止的（同時也違反防疫法）。

旅客身上最容易攜帶到的生物就是昆蟲和植物。而這兩類生物都已證實會對各地的生態系造成極大破壞。

儘管不可能方方面面都顧及到，但外出旅行，以及旅行歸來時，還是應該盡可能防範昆蟲或植物等附著物。

栽種植物時要注意的事

喜歡園藝的人，則應該防止自己種植的植物種子飛散到野外，或是地下莖之類的蔓延到庭院外。

如果無法照料到最後，也絕對不可移植到其他土地或是種到當地的公園或河堤邊，也不可隨便亂丟。有時就算把植株砍掉了，也可能還有種子，或是重新活過來，所以一定要依照各地的法規處理後丟棄。

最近有些五金賣場也開始會販賣各式各樣的植物種子和幼苗。如果在店內發現會影響生態系的特定外來種的話，請立即向公所舉報。

另外，本書雖然只介紹了其中一部分，但就跟動物一樣，植物也有侵略性外來種的災害。

譬如「加拿大一枝黃花」就是「日本百大侵略性外來種」之一的植物，最早是作為觀賞性植物引進的。然而現在已在全日本

你在空地或馬路邊看過我吧？
我們就是加拿大一枝黃花喔。
豚草？那是另一種花喔。
大約2公尺高
本來應該是觀賞用花，但現在卻是日本隨處可見的雜草。
來吧，請隨便欣賞沒關係喔。

各地定居，有些地方的生態系甚至只剩下這種植物。加拿大一枝黃花生長的地方，其他植物會變得很難繁殖，因此對生態系的影響極為巨大。

與動物相較之下，植物對生態系所造成的損害可說是有過之而無不及。

我們能做的事

而有些時候，我們也可能會在釣魚和抓昆蟲時，遭遇黑鱸或天牛等特定外來生物。這些生物在日本法律上是明文禁止以活體搬運或飼育，帶回自己居住的地區野放，更是絕對不可以。

此外，在開車或駕駛小型艇等交通工具時，也要勤於清洗輪胎和船身的汙垢，去除夾雜在汙泥上的生物，隨時注意不要將其他地區的外來生物帶到本地。

尤其是前往離自己居住地區很遠的地方時，請拍拍衣服和包包，並仔細用踏墊磨掉鞋底的髒汙，以防將會影響生態系的生物帶回家。

現代到遠方旅行的交通手段愈來愈豐富，也愈來愈方便，所以人們更容易在不知不覺將外來生物攜帶到其他地方。為了防止這種事發生，第一步就是先認識究竟有哪些生物是特定外來生物、侵略性外來生物。

覆蓋水面的綠色怪獸

大薸

Pistia stratiotes

危險度： ○○○○

分　類：單子葉植物綱澤瀉目天南星科

原產地：非洲（也有一說是南非）

高　　：10㎝

其　他：別名水芙蓉。浮游性水生植物。1920年代為觀賞性目的引進日本，但後來流到野外。繁殖快速，驅除不易，在全世界擴散，對生態系有相當影響。

- 廣泛棲息於日照充足的河川、池塘、沼澤、水渠，會覆蓋整個水面
- 作為觀賞性植物引進日本，在市面大量流通後，流入野外大繁殖

輕飄
輕飄
把水渠蜿蜿塞起來！
根
會把根深入水中，漂浮在水上
葉
呈絨狀，具疏水性
就是池塘裡常常看到的那個喔！
我又叫做水芙蓉喔！

- 會遮蔽日光，令水中氧氣減少，使水溫和水質下降，害其他水生植物難以生存
- 驚人的繁殖能力
- 鳳眼藍和美洲水蘿也會引起相同的問題

好髒。
好難受。
好冷。
好暗。

鳳眼藍
我的別名又叫藍色惡魔喔。
呵呵呵……很美麗吧？

就算冬天枯萎了，水底的種子也不會死喔！
滿滿一片…

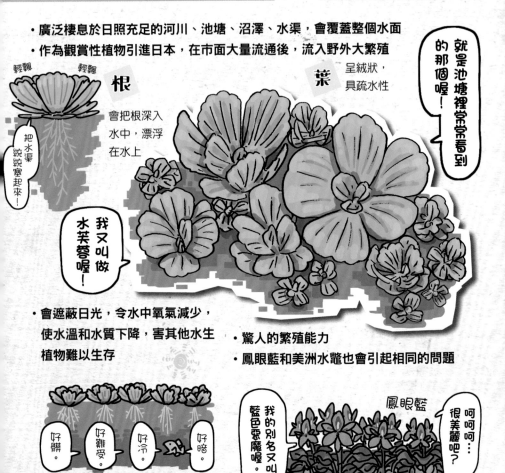

威脅！把櫻花樹吃得亂七八糟的黑色惡魔

桃紅頸天牛

Aromia bungii

危險度：○○○○○

分　類：昆蟲綱鞘翅目天牛科

原產地：中國、蒙古、朝鮮半島、越南

體　長：25～40㎝

其　他：會用強韌的顎啃食樹木。天牛科的昆蟲會對農作物和樹木造成巨大損害，因此在日本植物防疫法上也被列為有害動物。

- **幼蟲會把櫻花、梅樹、桃樹等薔薇科的樹木啃食到死**
- **棲息於公園或市區的路樹上，幼蟲會在樹木內生活2～3年**

哼哈哈哈哈！
幼蟲們啊！把全日本
的櫻花樹吃光吧！
觸角
雄性的觸角比身體還長，雌性的則跟身體差不多
氣味
雄性會發出類似麝香的濃烈氣味來吸引雌性
胸
紅色的部位不是脖子，而是前胸，側面有瘤
體
漆黑的光澤配上紅色斑點，老實說很帥氣
在日本有些地方會用
1隻500圓收購喔。

- **幼蟲侵入樹幹後，會排出大量的木屑**

啃啃
啃啃
櫻花樹好吃～
由木屑和
糞便混合成的
條形物。

- **繁殖力非常高，而且沒有主要天敵，因此受害範圍在日本不斷擴大**

雖然
最初侵入
日本的年代
和途徑
都不清楚，
但最有力的
說法是混在
貨物或木箱
內。

- **若樹幹上已有多個幼蟲進出的孔洞，將非常難以完全驅除，只能砍掉並燒掉整棵樹，防止災情擴散和枯木倒塌**

草食性：幼蟲吃樹幹的木質部，成蟲主要吃樹皮和樹液

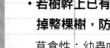

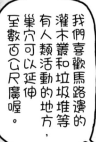

恐怖！進擊的小蟻軍團

阿根廷蟻

Linepithema humile

危險度： 日本100 世界100 日本100 世界100

分　類：昆蟲綱膜翅目蟻科
原產地：南美
體　長：2.5㎜
其　他：據信是混在貨櫃和建材中侵入日本的。跟普通的螞蟻不同，由於一個巢穴內存在多隻女王同時產卵，會用異常的速度增生。

- **會多隻集體行動，進入家屋內尋找食物**
- **跟原生種不同，即使是冬天也會外出覓食**
- **與日本原生種相比，行動異常快速**

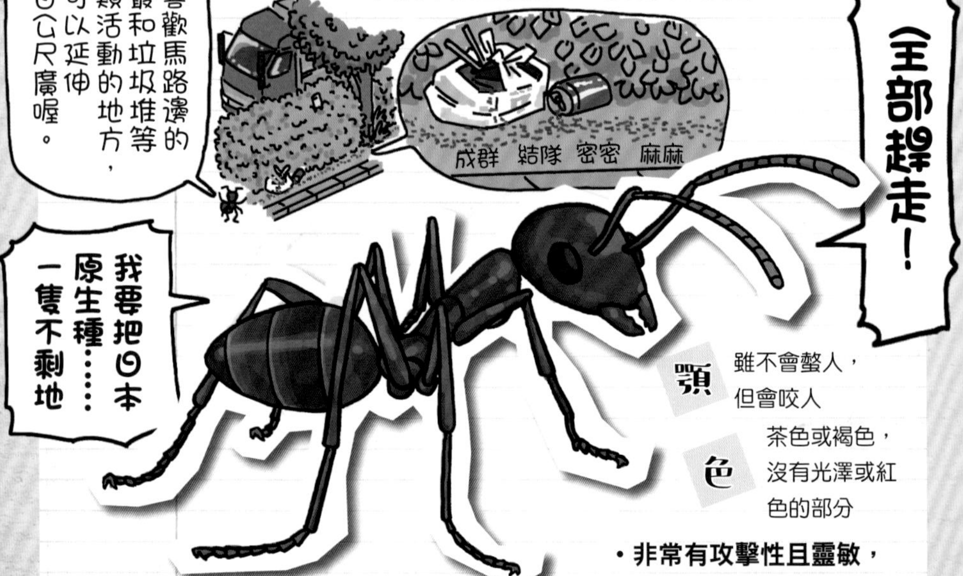
我們喜歡馬路邊的灌木叢和垃圾堆等有人類活動的地方，巢穴可以延伸至數百公尺廣喔。
成群 結隊 密密 麻麻
全部趕走！
我要把日本原生種……一隻不剩地
顎 雖不會螫人，但會咬人
色 茶色或褐色，沒有光澤或紅色的部分

- **非常有攻擊性且靈敏，一旦發現其他螞蟻的巢穴，就會大舉進攻**
- **體型很小，難以跟原生種的螞蟻區別**

我是原生種！
我是大頭家蟻!!
殺蟻藥
不是喔！
混蛋！你就是阿根廷蟻吧！

我們會分泌甜汁！
我們會保護你。

- **跟農業害蟲的蚜蟲和介殼蟲是共生關係**

哼哈哈哈哈！成蟲和幼蟲都全部吃光光！
呀—
密密麻麻
瞬間便可形成大軍

雜食性：喜歡甜味的成分，不過也吃果實、種子、昆蟲、狗糞便或廚餘

本該是番茄產業的救世主……

歐洲熊蜂

Bombus terrestris

危險度： 日本100 日本100 日本100

分　類：昆蟲綱鞘翅目蜂科

原產地：歐洲

體　長：女王蜂18～22㎜／雄蜂14～26㎜／工蜂10～18㎜

其　他：為了替溫室栽培的番茄授粉而從歐洲大量引進養殖、商品化，人工蜂箱在全球都有流通。

- 在荷蘭和比利時建立了養殖方法的昆蟲
- 會在土中築巢，經常利用老鼠棄置的巢穴

這間房子真不錯♥！
嗡

對不願面對的部分假裝不存在，拖到以後再煩惱，是日本人的民族性呢。

紋 體毛蓬鬆，且有黃色與黑色相間的斑紋

舌 有像吸管一樣能伸進花中吸蜜的短舌

尾 屁股的尾端是白色的

自然授粉的番茄好甜好好吃！
花粉！花粉！
嗡嗡嗡♪

- 即使是不會分泌花蜜的花也會蒐集花粉，是很優秀的傳粉昆蟲

草食性：花粉、花蜜

- 由於舌頭很短，所以有吸不到花蜜時會咬破花朵底端偷蜜的習性，這時無法成為傳粉的媒介，反而會變成妨礙植物繁殖的害蟲

等等等等等等！
龍膽花
舌頭不夠長，乾脆直接從側面開洞吧。
嗡嗡嗡♪
這樣我不就賣不掉了嗎!!

引進前就已警告過會野生化

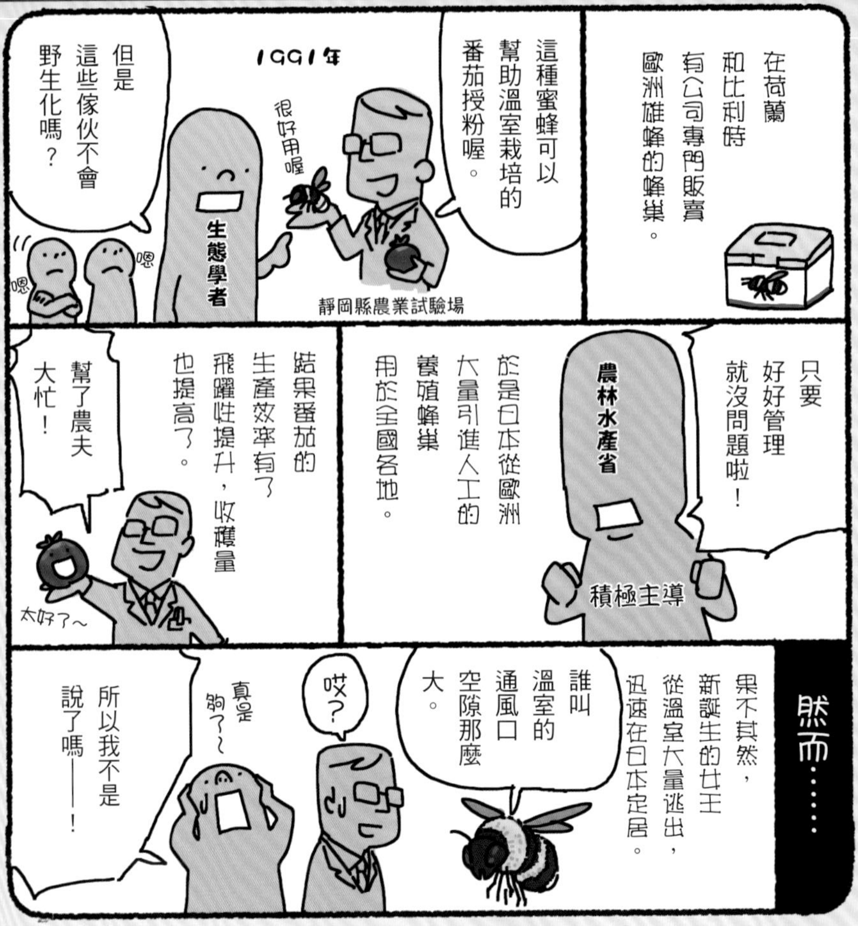
在荷蘭和比利時有公司專門販賣歐洲雄蜂的蜂巢。
1991年
這種蜜蜂可以幫助溫室栽培的番茄授粉喔。
很好用喔
靜岡縣農業試驗場
生態學者
但是這些傢伙不會野生化嗎？
嗯
嗯
只要好好管理就沒問題啦！
農林水產省
積極主導
於是日本從歐洲大量引進人工的養殖蜂巢用於全國各地。
結果番茄的生產效率有了飛躍性提升，收穫量也提高了。
幫了農夫大忙！
太好了～
然而……
果不其然，新誕生的女王從溫室大量逃出，迅速在日本定居。
誰叫溫室的通風口空隙那麼大。
哎？
真是夠了～
所以我不是說了嗎——！

被驅逐的原生種熊蜂

歐洲雄蜂以北海道為中心的野生化群體正日益擴張分布範圍，與原生種的日本熊蜂競爭和雜交，干擾原生種的繁殖，將其驅趕出原本的棲地。

當然也會雜交喔。
引進的個體身上也發現了疾病和寄生蟲喔。
嗡
嗡
嗡
傷腦筋……來研究原生種的日本熊蜂好了。
又來了……我們在國內一樣也有地區特殊性喔。
原生種
屁股是咖啡色
紅光熊蜂

襲來！最凶暴的胡蜂！

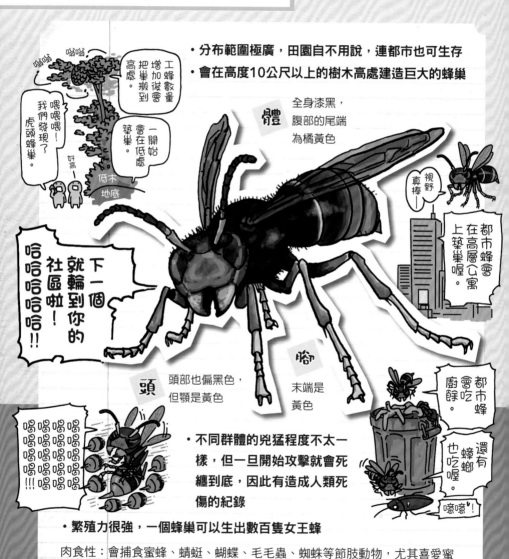

黃腳虎頭蜂

Vespa velutina

危險度：

分　類：昆蟲綱膜翅目胡蜂科

原產地：中國南部～東南亞

體　長：女王蜂30mm／雄蜂24mm／工蜂20mm

其　他：可築出浴缸大小的巨大蜂巢，派出大量工蜂捕食周圍的昆蟲。特別喜歡吃蜜蜂。

- **分布範圍極廣，田園自不用說，連都市也可生存**
- **會在高度10公尺以上的樹木高處建造巨大的蜂巢**

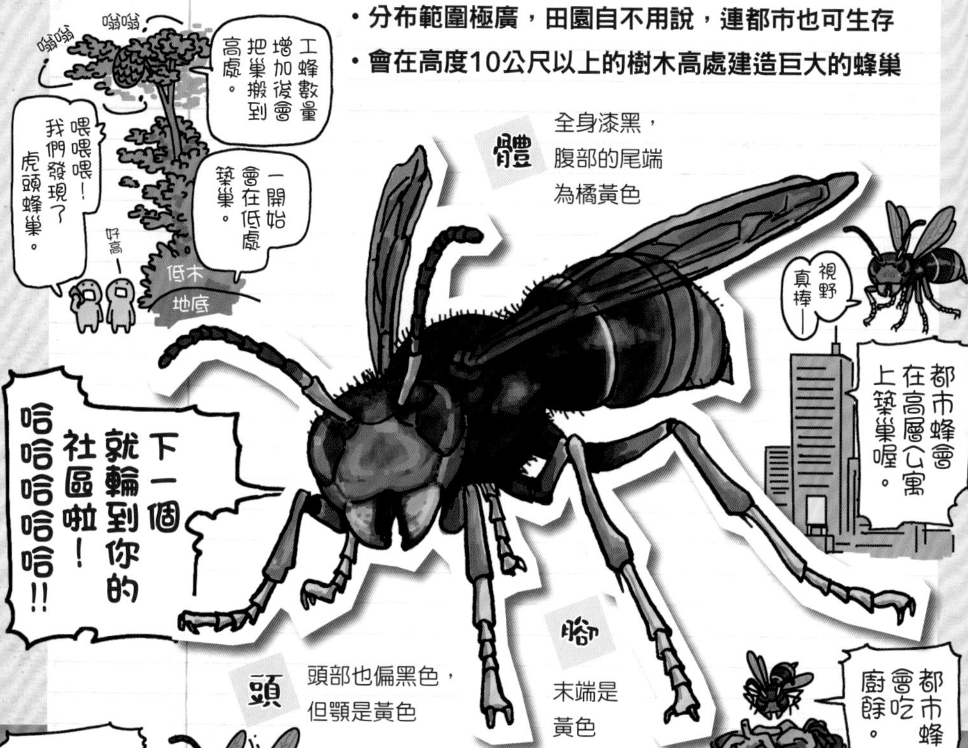
嗡嗡
嗡嗡
工蜂數量增加後會把巢搬到高處。
喂喂喂！我們發現了虎頭蜂巢。
一開始會在低處築巢。
好高
低木
地底
體
全身漆黑，腹部的尾端為橘黃色
視野真棒—
都市蜂會在高層公寓上築巢喔。
下一個就輪到你的社區啦！哈哈哈哈哈!!
腳
末端是黃色
頭
頭部也偏黑色，但顎是黃色

喝喝喝喝喝喝喝喝喝喝喝喝喝喝喝喝喝喝喝!!!

- **不同群體的兇猛程度不太一樣，但一旦開始攻擊就會死纏到底，因此有造成人類死傷的紀錄**

都市蜂會吃廚餘。
還有蟑螂也吃喔。
嘻嘻!

- **繁殖力很強，一個蜂巢可以生出數百隻女王蜂**

肉食性：會捕食蜜蜂、蜻蜓、蝴蝶、毛毛蟲、蜘蛛等節肢動物，尤其喜愛蜜蜂，也會吃水果和廚餘

近年棲息範圍爆發性擴張，終於也登陸日本

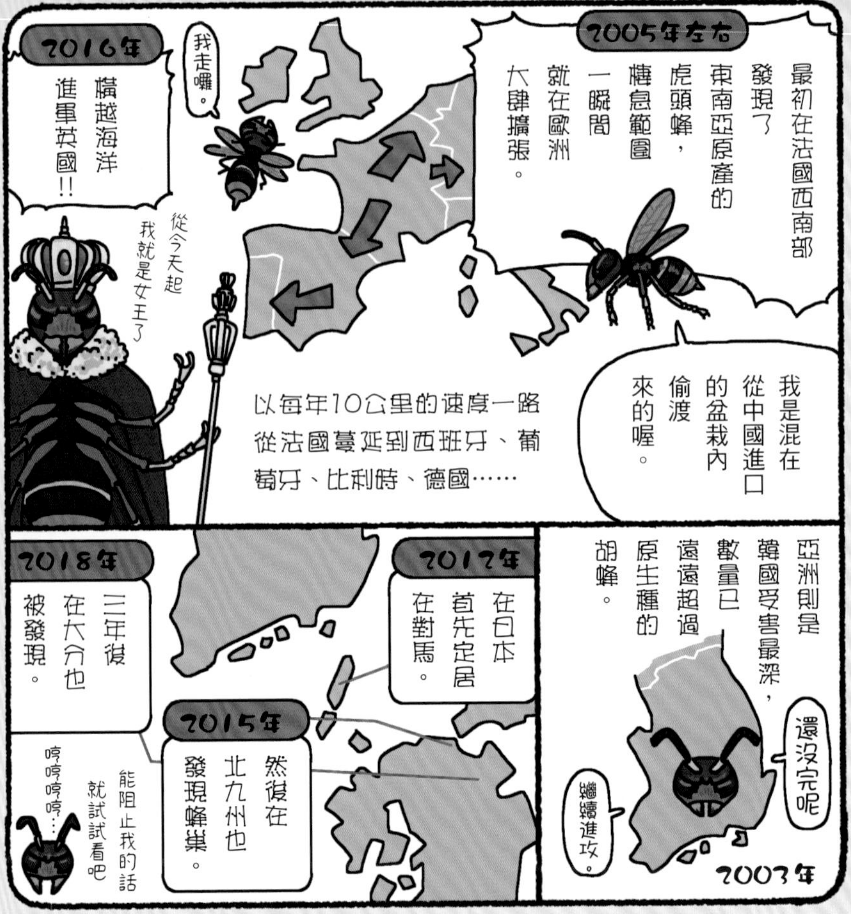

2005年左右
最初在法國西南部發現了東南亞原產的虎頭蜂，棲息範圍一瞬間就在歐洲大肆擴張。
我是混在從中國進口的盆栽內偷渡來的喔。
以每年10公里的速度一路從法國蔓延到西班牙、葡萄牙、比利時、德國……
我走囉。
2016年
橫越海洋進軍英國!!
從今天起我就是女王了
亞洲則是韓國受害最深，數量已遠遠超過原生種的胡蜂。
還沒完呢
繼續進攻。
2003年
2012年
在日本首先定居在對馬。
2015年
然後在北九州也發現蜂巢。
2018年
三年後在大分也被發現。
能阻止我的話就試試看吧
哼哼哼哼……

不只是人類受害！農業損害也山雨欲來

黃腳虎頭蜂跟其他胡蜂類一樣，都喜歡捕食蜜蜂。

我懸停在這等你很久啦
一把抓！
呀—
直接進攻蜂巢的話會被群體反擊，所以訣竅是埋伏準備回巢的落單蜜蜂。

如果黃腳虎頭蜂繼續入侵、增加，養蜂業養殖的蜜蜂將會大受其害，而依賴蜜蜂授粉的蔬菜和水果生產者也將受到極大農損。

一旦發現蜂巢就要立即通報！
呀、
出現啦—

引人犯罪的魅力值

茶色長臂金龜

Eucbeirus longimanus.

危險度：◯◯

分　類：昆蟲綱鞘翅目金龜子科

原產地：菲律賓、印尼

體　長：雄47～80㎜／雌43～67㎜

其　他：在日本除了屬稀有野生動物且被列為天然紀念物的山原長臂金龜外，其他的長臂金龜屬都被指定為特定外來生物。

- 除了成蟲會聚集在棕櫚樹的樹汁附近，並且有趨光性外，幾乎沒有其他紀錄，仍有許多未知的部分

- 雌性的產卵數少，加上孵化率低，數量有隨環境破壞減少的傾向，在國際受到保護

說不定會在這樣一知半解的情況下絕種。
前腳
雄性的前腳非常大且長
幼蟲的生育需要原生林巨木的樹洞，而成蟲也幾乎不外出。
換言之沒有樹木的話即死
神啊，我的蟲生難度也太高了吧。
幼蟲
樹洞…樹皮脫落後木質部腐爛形成的空洞
SAVE THE 長臂金龜
我的蟲生已經夠艱難了，
拜託別再欺負我了。

草食性：成蟲會聚集在棕櫚樹的樹汁旁，幼蟲則被認為以大型闊葉樹的樹洞中積累的腐爛薄木片為食

偷盜橫行！滅絕邊緣！山原長臂金龜

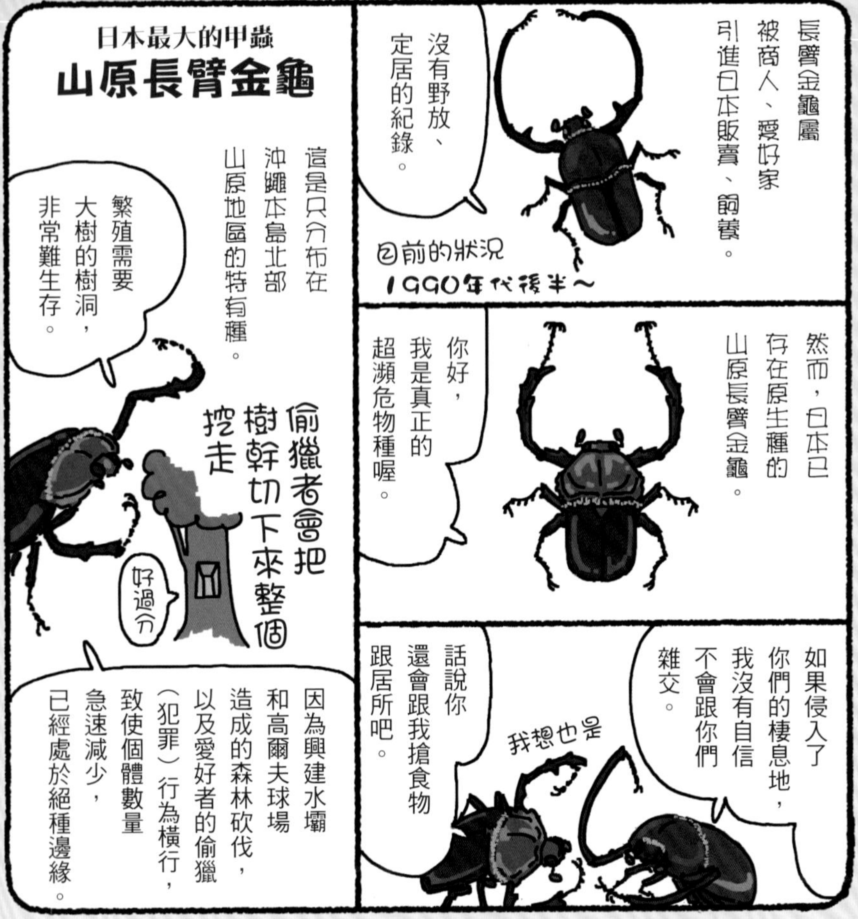
長臂金龜屬被商人、愛好家引進日本販賣、飼養。
沒有野放、定居的紀錄。
1990年代後半～目前的狀況
然而，日本已存在原生種的山原長臂金龜。
你好，我是真正的超瀕危物種喔。
如果侵入了你們的棲息地，我沒有自信不會跟你們雜交。
我想也是
話說你還會跟我搶食物跟居所吧。
日本最大的甲蟲
山原長臂金龜
這是只分布在沖繩本島北部山原地區的特有種。
繁殖需要大樹的樹洞，非常難生存。
偷獵者會把樹幹切下來整個挖走
好過分
因為興建水壩和高爾夫球場造成的森林砍伐，以及愛好者的偷獵（犯罪）行為橫行，致使個體數量急速減少，已經處於絕種邊緣。

因飼養、盜獵長臂金龜而成為犯罪者

2015年，日本出現首宗因未獲許可飼養、販售長臂金龜而被捕的案例。

咦？逮捕!?
喂，那邊的，我們可是特定外來生物，未經許可不能飼養喔。
更別說是在網路上販賣，被判刑也是當然的。
當然購買方也同樣觸法。
因為太喜歡長臂金龜，所以龜迷心竅了嗎。
好爛的冷笑話。

看見這張臉請馬上通報！南美原產的毒蟻

入侵紅火蟻

Solenopsis invicta

危險度：世界100 世界100 世界100 世界100 世界100

分　類：昆蟲綱膜翅目蟻科
原產地：南美
體　長：女王蟻10㎜／工蟻2.5～6㎜
其　他：俗稱紅火蟻。帶有生物鹼性的猛毒，會傷害人和家畜，或造成機械故障，在世界各地都被當成侵略性外來種的螞蟻。

喜歡河岸或池邊等稍微潮濕的地方。
龜裂
連水泥和柏油的裂縫中也能棲息。
隆起
會建造圓頂狀的蟻巢

・非常具攻擊性，有過敏體質的人若被刺到會引起全身性過敏反應，可能會有生命危險
・會跟著貨櫃等和貨物一起侵入環境

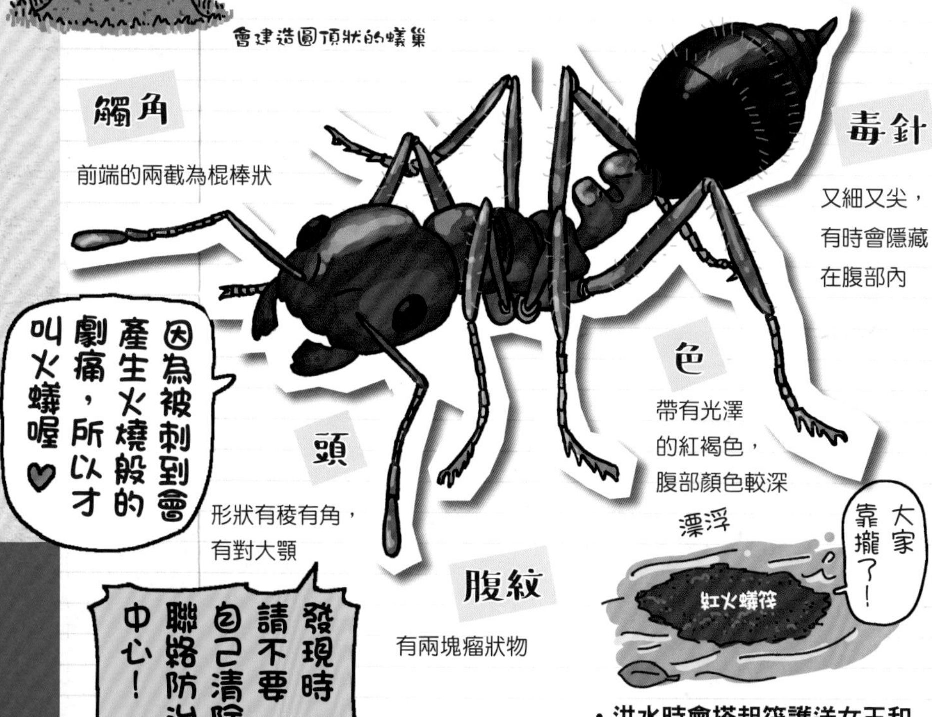
觸角
前端的兩截為棍棒狀
毒針
又細又尖，有時會隱藏在腹部內
因為被刺到會產生火燒般的劇痛，所以才叫火蟻喔♥
色
帶有光澤的紅褐色，腹部顏色較深
頭
形狀有稜有角，有對大顎
腹紋
有兩塊瘤狀物
發現時請不要自己清除，聯絡防治中心！

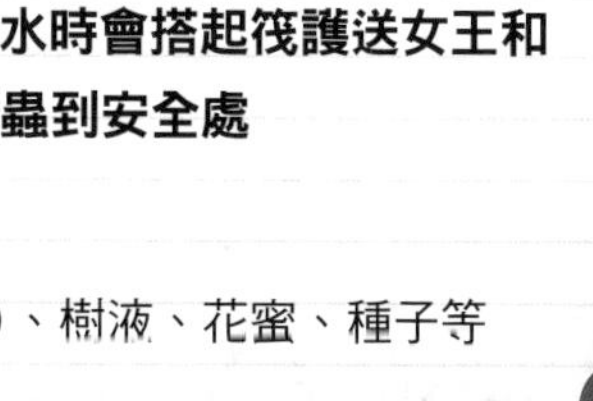
漂浮
大家靠攏了～！
紅火蟻筏

・洪水時會搭起筏護送女王和幼蟲到安全處

・產卵數量比其他螞蟻多好幾倍，繁殖力驚人

雜食性：節肢動物、小型脊椎動物（蜥蜴、青蛙等）、樹液、花蜜、種子等

被螫到有14萬分之1的機率死亡

如果蟻巢被攻擊的話就會傾巢而出反擊。
GOGOGO！
噫噫噫噫！有火蟻噫噫!!
！
唰唰唰唰
唰唰唰唰
而且螫人時不會只螫一次。
噗吡
噗吡
噗吡
噗吡
噗吡
我螫螫螫螫螫螫螫螫螫螫螫螫螫螫螫螫!!
被刺到時會產生劇痛，並冒出紅色的水泡。
水泡
此時不要慌張，應保持鎮定20～30分鐘，觀察身體有無變化（旁邊要隨時有人！）
冷靜—冷靜—
若無惡化的話，請抱持冷靜自行就醫。
診察時最好附上叮咬你的螞蟻照片。
如有惡化，則應呼叫救護車。
我被螞蟻螫到了。
有可能導致過敏性休克。

其實比起毒性，對經濟面的危害更可怕

我也吃大豆喔。
也會獵食小牛和母雞喔！
咕咕——！
哞—饒命—！
還會咬破電線引發火災！
真的是「火」蟻呢。
火蟻不是那個意思。
這種土地已經賣不掉了。
SALE
當然地價也會因此下跌！

在全美造成的經濟損害高達1500～2000億圓！

有毒卻乖巧的女孩子

紅背蜘蛛

Latrodectus hasseltii

危險度： 日本100 日本100 日本100

分　類：蛛形綱蜘蛛目姬蛛科
原產地：澳洲（亞熱帶）
體　長：雄3～4㎜／雌12～15㎜
其　他：具有會帶來強烈痛感的神經毒素，有不少使健康成人致死的案例。寇蛛屬的蜘蛛除華美寇蛛的日本原生亞種之外，全都屬於特定外來生物。

- 具有會破壞運動神經和自律神經的神經毒

腹部 巨大的球狀，背部有紅色斑紋。其實肚子也是紅色的

牙 會咬住獵物注入毒液

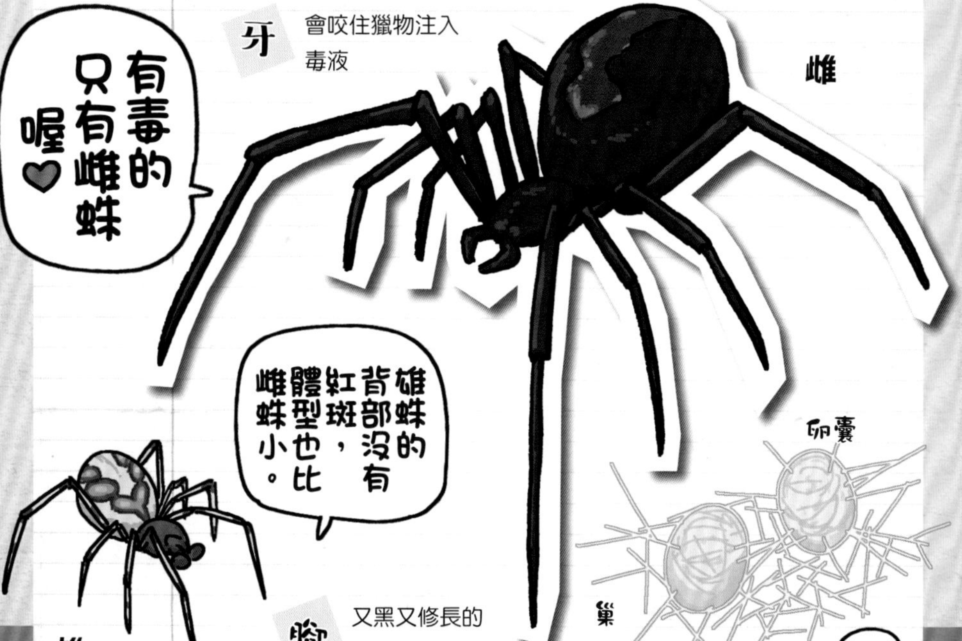
有毒的只有雌蛛喔♥
雌
雄蛛的背部沒有紅斑，體型也比雌蛛小。
卵囊
巢
雄

腳 又黑又修長的美腳

- 性格溫馴，除非主動觸摸或捕捉，否則極少咬人
- 會在長椅下或水溝蓋的背面等靠近地表又不會被陽光直射的地方築巢
- 有受到驚嚇時會從巢穴掉下來裝死的可愛一面

我已經死了，我已經死了。
撲通撲通撲通撲通
咻

肉食性：吃昆蟲等生物

就算被咬也不要慌張

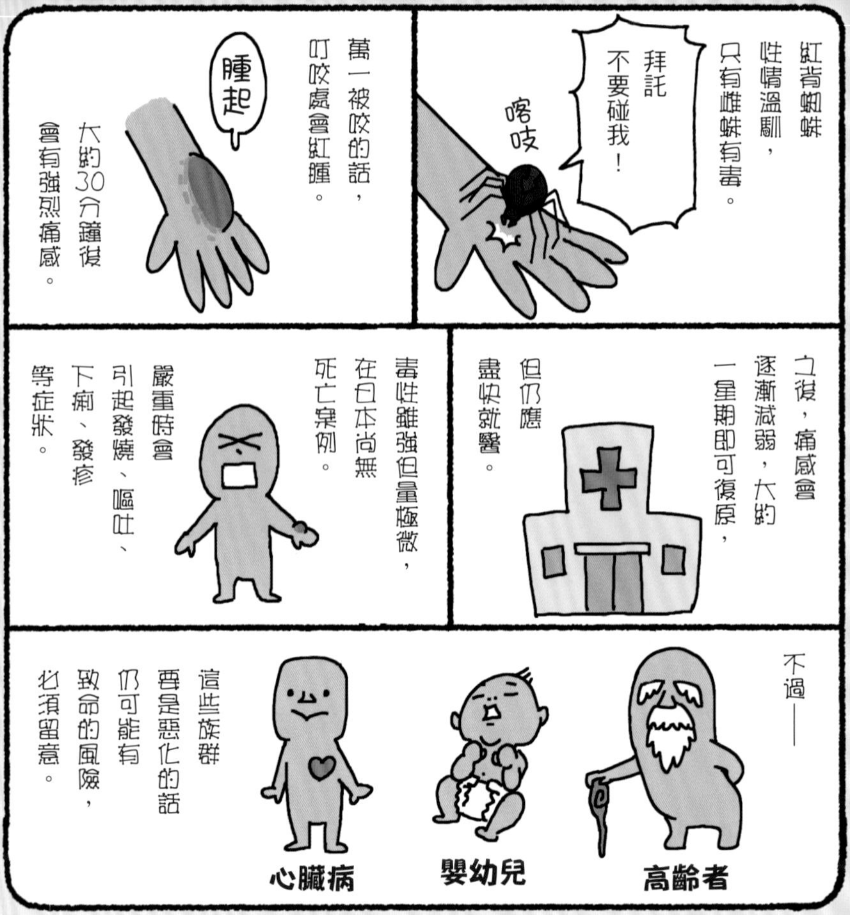
紅背蜘蛛性情溫馴，只有雌蛛有毒。
拜託不要碰我！
喀吱
萬一被咬的話，叮咬處會紅腫。
腫起
大約30分鐘後會有強烈痛感。
之後，痛感會逐漸減弱，大約一星期即可復原，
但仍應盡快就醫。
毒性雖強但量極微，在日本尚無死亡案例。
嚴重時會引起發燒、嘔吐、下痢、發疹等症狀。
不過──
高齡者
嬰幼兒
心臟病
這些族群要是惡化的話仍可能有致命的風險，必須留意。

熱帶、亞熱帶的毒蜘蛛因氣候暖化而北遷

紅背蜘蛛據信是混在澳洲來的貨物中侵入的。

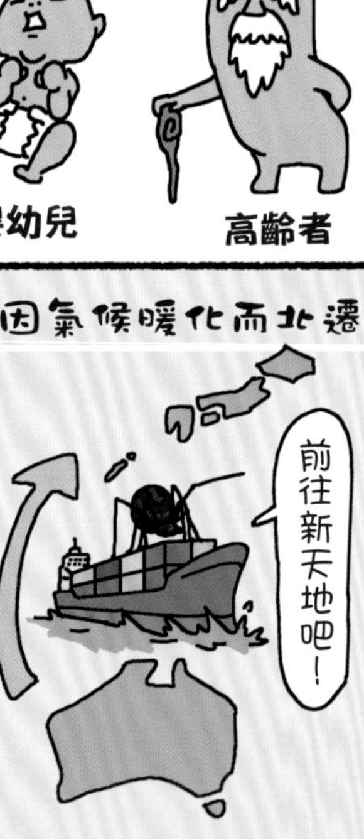
前往新天地吧！

原本應該是熱帶、亞熱帶的毒蜘蛛，但因為都市化、宅地化造成的熱島效應，現在也可於青森、秋田、長野以外的都道府縣發現。

日本比想像中更溫暖呢。
舒服舒服

漆黑！少根筋的猛毒蜘蛛！

雪梨漏斗網蜘蛛

Atrax robustus

危險度：○○○○○

分　類：蛛形綱蜘蛛目毒疣蛛科
原產地：澳洲東南部
體　長：雄25～30㎜／雌40～50㎜
其　他：張開腳時的大小可達100㎜，粗肥的腳上長有絨毛，跟食鳥蛛（食鳥蛛科）很像，但屬於不同科的生物。

繁殖期的雄蛛會跑進民宅內喔。
打擾了，請問府上有雄蜘蛛嗎？
呀啊啊啊啊啊啊!!

- 腳張開時最大可達10㎝
- 夜行性，棲息在森林的朽木或倒木下，以及岩縫中，但也會在民家的庭院或住宅區出沒

跟罐裝咖啡差不多。
10cm
COFFEE

對天敵沒效的猛毒到底…

腳　又粗又長，而且多毛

牙　又大又硬的尖牙甚至能咬穿人類的指甲

體色　帶有青色光澤的黑色或黑褐色

看啊，這對獠牙——
咕嚕——
閃亮
咬你喔！
小心我咬你喔!!
威嚇姿勢

聽說日本有個叫石垣的地方？
還會過冬喔

- 雌雄都具有很強力的神經毒素，在原產地是很常見的危險生物
- 在日本尚未定居，但有混在貨物中入侵的危險

肉食性：捕食昆蟲、其他節肢動物、小型爬蟲類、哺乳類

不是狩獵而是用來防身？謎團重重的猛毒

我們的毒素是一種名為Robustoxin的神經毒，被咬到的話
10分鐘內會產生強烈的嘔吐感和腹痛，且全身會大量分泌汗液、眼淚、口水等各種體液。
接著會口吐白沫，全身痙攣，呼吸困難，最後心臟休克。
嘔嘔
抽搐
抽搐
嗚嗚！
若不經適當地處理，小孩子大約90分鐘，成人大約30個小時內會致命。
而且這種毒，
很不可思議的，
對人類和猿猴雖然效果奇佳，
對天敵的鳥類和蜥蜴卻不起作用，
我死不瞑目啊！
對牠們平常捕食的昆蟲也沒有效果。

潛伏在鞋子裡的恐怖！幸運生還的少年

雪梨漏斗網蜘蛛棲息在雪梨周邊，直到1950年代前都沒有血清可用。

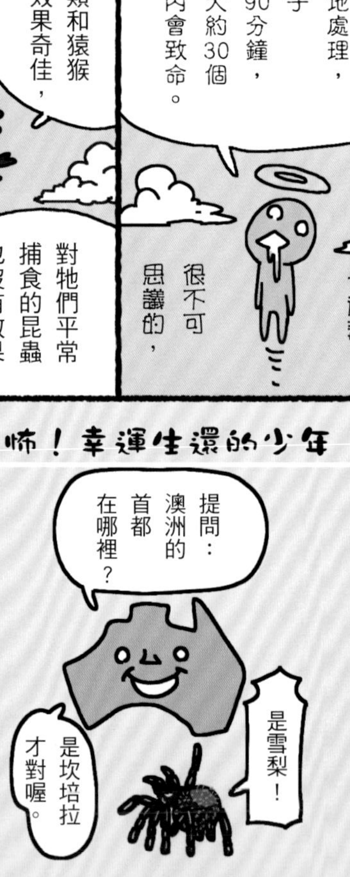
提問：澳洲的首都在哪裡？
是雪梨！
是坎培拉才對喔。

2017年，一名10歲的男孩被躲在鞋子裡的蜘蛛咬傷，送醫後奇蹟生還。醫院足足對少年注射了12瓶澳洲使用的蜘蛛血清。

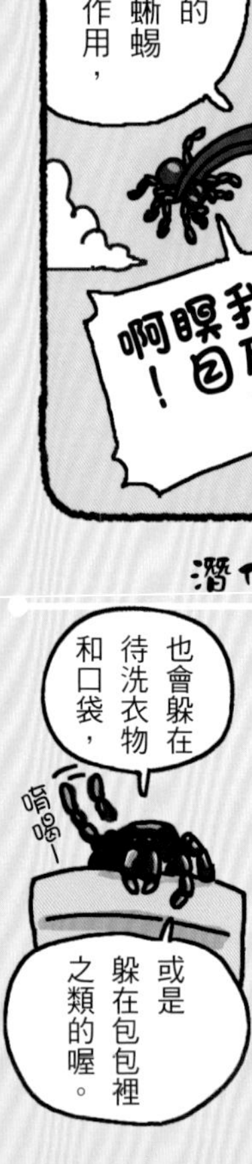
也會躲在待洗衣物和口袋，
或是躲在包包裡之類的喔。

鉗蠍科全部都屬於特定外來種

黃肥尾蠍

Androctonus australis

危險度：〇〇〇〇

分　類：蛛形綱蠍目鉗蠍科

原產地：非洲北部、阿拉伯半島

體　長：30～150㎜

其　他：在宮古、八重山群島雖然也有斑點蠍這種自然棲息的鉗蠍科，但因為整個鉗蠍科都被指定為特定外來生物，所以連斑點蠍也屬於特定外來種。

- 夜行性，白天會躲在岩石下或土中等陰暗場所
- 鉗蠍科的生物，例如黃肥尾蠍，大多棲息在乾燥的環境，但也有少數種類棲息在熱帶雨林，演化方向十分多元

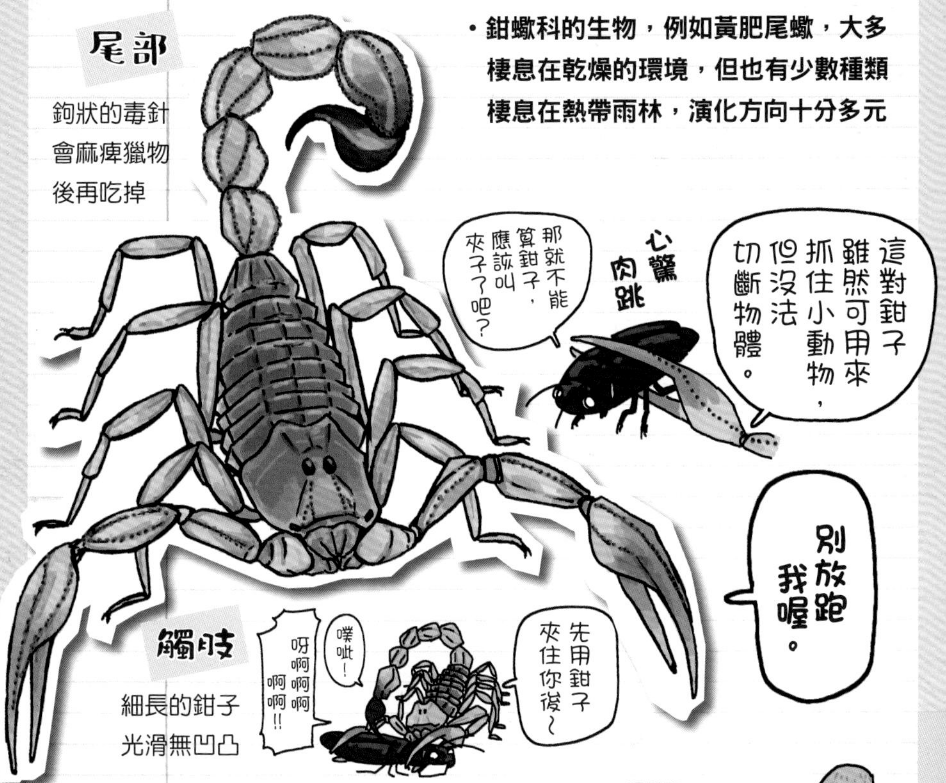
尾部
鉤狀的毒針會麻痺獵物後再吃掉
這對鉗子雖然可用來抓住小動物，但沒法切斷物體。
心驚肉跳
那就不能算鉗子，應該叫夾子了吧？
別放我跑喔。
觸肢
細長的鉗子光滑無凹凸
先用鉗子夾住你後～
噗哧！
呀啊啊啊啊啊!!

- 鉗蠍科很多種類都具有猛毒，對人類的生命和健康有很大威脅
- 其中有幾十種被當成寵物在市面販售
- 常常在海關或進口的物資中發現

肉食性：以昆蟲、小動物為食，其中也有可一年以上不吃東西的種類

尤其在墨西哥和北美有許多死傷案例。
♪勿忘我～

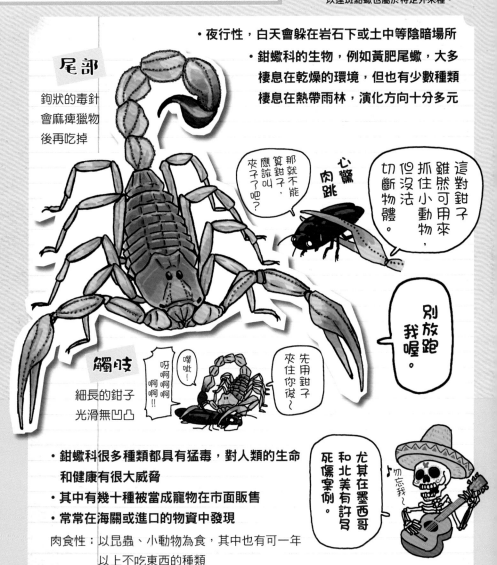

儘管絕大多數的蠍子都有強烈的毒性……

鉗蠍科的許多種類都具有α蠍毒、Tityus toxin等劇毒。
譬如以色列金蠍。
猛毒
別名又叫死亡之刺
2003年，岡山市曾發生多隻飼養的寵物黃肥尾蠍幼蟲從公寓逃脫的事件。
Androctonus就是希臘文中「殺人」的意思喔
學名 Androctonus australis
在港口也常常發現有蠍子躲在進口貨物內。
都內的倉庫也有喔。
!!
順帶一提，我是經過正常管道進口的喔。
雖然很大隻毒性卻很低的帝王蠍先生。

人為散布在日本的鉗蠍科

沖繩的宮古、八重山群島上的鉗蠍科斑點蠍是人為散布的。儘管一般認為斑點蠍應是原生種或明治時代前就引進的外來種，但目前仍未從特定外來生物名單上除名。

母蠍會把小蠍背在背上養育。
不太會螫人，就算被螫了也只會有點刺痛。
媽媽
媽媽
斑點蠍

斑點蠍喜歡躲在乾燥的枯木或石頭下，非常溫馴也沒什麼毒。後來被引進小笠原群島散播。

又大！又美味！又會自相殘殺！

信號小龍蝦

Pacifastacus leniusculus trowbridgii

危險度：日本100 日本100 日本100 日本100

分　類：軟甲綱十足目螯蝦科
原產地：加拿大西南部、美國西北部
體　長：15㎝
其　他：棲息在滋賀縣的同類亞種俗稱淡海小龍蝦。跟棲息於北海道等冷水浴的本種同為日本百大侵略性外來種。

- 夜行性，棲息於寒冷的河川和湖沼，也可棲息於鹹水

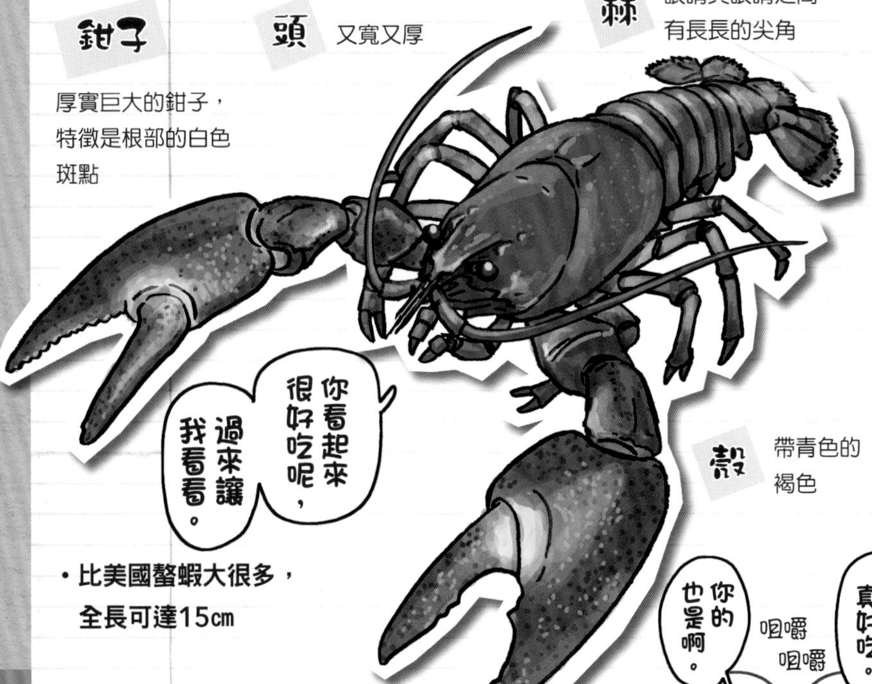
鉗子
厚實巨大的鉗子，
特徵是根部的白色
斑點
頭
又寬又厚
棘
眼睛與眼睛之間
有長長的尖角
殼
帶青色的
褐色
你看起來很好吃呢，
過來讓我看看。

- 比美國螯蝦大很多，全長可達15㎝

你的腳真好吃。
你的也是啊。
咀嚼
咀嚼

我在法國可是高級食材喔。
水煮後會變紅

- 最初是為食用而引進，故去沙調理後相當好吃

- 非常具攻擊性，會頻繁地獵捕同類

雜食：以魚類、底棲生物、水草等為食。也會捕食同類

由政府為增加糧食而引進流放

由農林省（現在的農林水產省）當作糧食引進。
哈囉！我是從美國奧勒岡來的喔！
是國家認證的喔！
請大家多多吃我～。
隨後被流放到北海道摩周湖、滋賀縣的淡海湖等地。
1926～1930年
所以說，請你們離開這裡吧。
好大…
咦?!
瀕危物種
日本黑螯蝦
在河岸挖洞築巢，把這裡大肆整修一番吧。
挖挖
挖挖
河堤會塌掉的啊?!
沒什麼天敵，又有原生種吃到飽！日本真是太棒了！
日本螯蝦真好吃～
喀哩
喀哩
啊啊啊～
毬藻
另外我還會傳播水黴菌和其他螯蝦的疾病，請多多包涵喔。

信號小龍蝦跟淡海小龍蝦只有名字不一樣

信號小龍蝦的日本名叫「內田小龍蝦」。而在滋賀縣淡海湖的人工湖內流放、定居的群體則叫淡海小龍蝦，目前雖然受到保護，但當然也是百分百的特定外來生物。

內田啊，原來我們是同一種生物耶！你知道嗎？
這不是廢話嗎，淡海同學。

內田小龍蝦這個名字，是來自最早透過標本，發現牠們就是吃掉稀有原生種的元凶的北海道大學內田亨教授。

一隻母蝦也能繁殖的超棘手生物

大理石紋螯蝦

Procambarus fallax forma virginalis

危險度： ●●●●

分　類：軟甲綱十足目螯蛄科

原產地：不明（於德國發現）

體　長：10㎝

其　他：別名神祕螯蝦。1990年代起在德國的螯蝦愛好者間開始流通。現在繁衍出的個體，全部都是來自同一隻雌蝦的自我複製體。

- 即使只有一隻雌蝦也能產卵，在全球爆發性增長中
- 大約25年前在德國的水槽中誕生的新品種
- 目前只有發現雌性，尚未觀察到任何一隻雄性

單性生殖
媽媽
媽媽
也就是複製體喔。
我的女兒們基因都跟我完全相同。

鉗子
身體和鉗子都跟美國螯蝦差不多大
斑紋
特徵是大理石紋般的紋路，從背部到尾巴有一條黑線
既然不存在雄性，那就用複製的方式生吧。

- 未來也有可能突變出雄性……

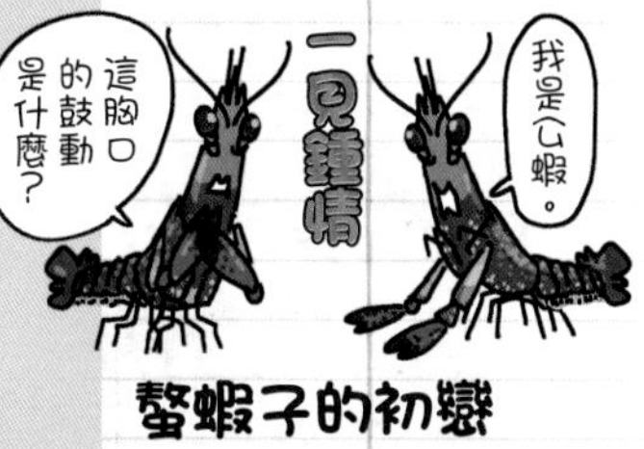
這胸口的鼓動是什麼？
一見鍾情
我是公蝦。

螯蝦子的初戀

眨眼
也有藍色或黃色的個體喔。

- 顏色會隨飲食和環境而改變

- 生命力頑強，在惡劣的環境下也能生存

呵呵♥
這世界根本不需要雄性
也許可說是史上最強的女性？

雜食性：以魚類、底棲生物、水草等為時。也會捕食同類

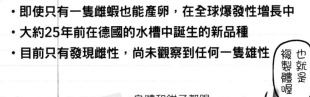

侵入路徑不明

佛羅里達淡水鉤蝦

Crangonyx floridanus

危險度：○○○

分　類：軟甲綱端足目Crangonyctidae科

原產地：美國東南部

體　長：雄4～5㎜／雌5～8㎜

其　他：雖然叫蝦，但其實生物學上更接近海蟑螂。身體形狀左右較薄，游泳時會成躺倒姿勢，故日文俗稱「橫蝦」。

- **不論是靜水、流水，可棲息於各種底質、水質的淡水水域**
- **繁殖力強，連原生種的日本鉤蝦（Gammarus nipponensis）難以生存的河川、下游的汙濁地區也能生存**
- **在日本的分布範圍急速擴大，有排擠原生種的危險**

我們沒法適應這條河。
是嗎？這點程度還好吧？
太混濁了
日本鉤蝦

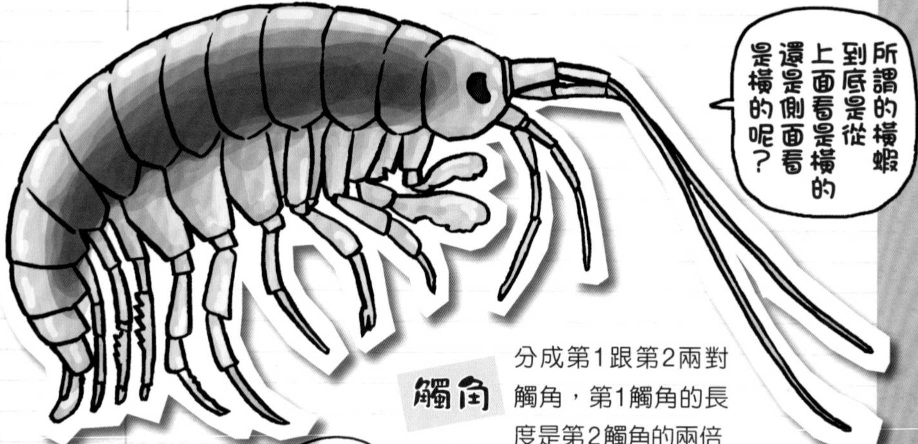
所謂的橫蝦到底是從上面看是橫的還是側面看是橫的呢？

觸角　分成第1跟第2兩對觸角，第1觸角的長度是第2觸角的兩倍

有一說法認為我在原產地是混在壓艙水或跟養殖魚和魚飼料一起散播的。
哦，要搬家了嗎？
嘩啦—

- **有說法認為最初是跟水槽內栽培的水草一同被丟棄而野生化**
- **在靜岡縣、長野縣有對山葵造成農損的疑慮**

雜食性：有機碎屑（生物的碎屑或排泄物、微生物的屍體）、附著藻類等

為振興鄉村而開始養殖的高級食材

中華絨螯蟹

Eriocheir sinensis

危險度： 世界100 世界100 世界100

分　類：軟甲綱十足目弓蟹科
原產地：中國北部、朝鮮半島西部
甲　長：8cm
其　他：通稱「大閘蟹」。中國料理中的高級食材，但也是肺吸蟲的中間宿主。IMO（國際海事組織）將其列為「世界百大侵略性外來種」。

- 繁殖力很強，分布範圍已擴散到美國、歐洲
- 屬於夜行性的河蟹，會讓卵流到海洋中

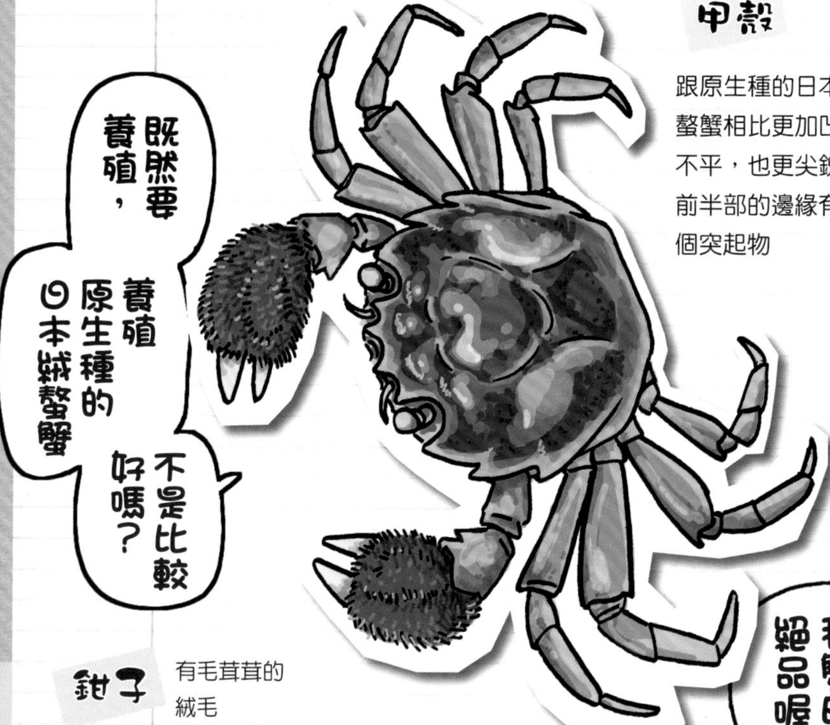
既然要養殖，
養殖原生種的日本絨螯蟹
不是比較好嗎？

甲殼

跟原生種的日本絨螯蟹相比更加凹凸不平，也更尖銳，前半部的邊緣有四個突起物

鉗子

有毛茸茸的絨毛

蟹黃和蟹卵是絕品喔。

- 在日本多處有養殖，但都有受到管理，所以目前不存在野生個體
- 若野生化的話可能跟原生種雜交，或成為寄生蟲的媒介

雜食性：水生昆蟲、水生植物等

- 是中國料理中的熱門高級食材

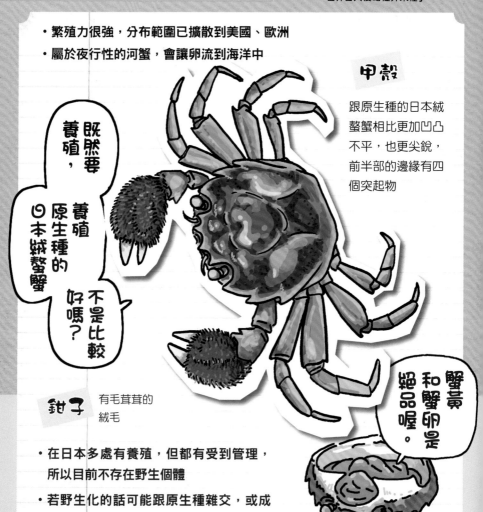

危險度： 世界100 世界100 世界100 世界100

分　類：軟甲綱十足目濱蟹科

原產地：歐洲北部、美國北部

甲　長：6㎝

其　他：除會捕食泥灘地的貝類，搗亂生態系外，也被指出可能跟在東京灣等地增殖中的同屬種艾氏濱蟹發生雜交。

雖然在原產地是食材

普通濱蟹

Carcinus maenas

- 可棲息在內灣的岩礁、灘地、鹹性濕地等各種環境
- 在北美大西洋岸有捕食原生的雙貝類和卷貝，以及擠壓原生蟹類，損害到當地漁業的報告

到了日本後真想大吃特吃
當地海螺啊、牡蠣啊、蛤仔等美食。
抖抖抖~

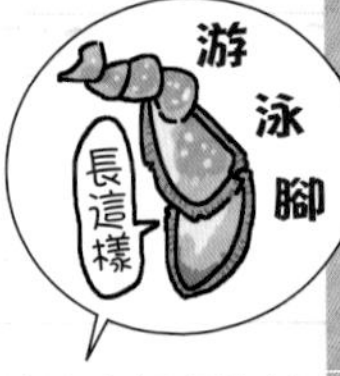
游泳腳
長這樣

甲殼 有三顆突起物，殼的兩邊各有五個鋸齒

腳 跟其他濱蟹科的螃蟹不同，第四對步足不是游泳腳

- 對鹽分、溫度的耐受力很高，即使在水質汙染的都市區沿岸也可生存
- 是鉤蟲的中間宿主，可能導致鴨類捕食後死亡

怎麼肚子突然痛起來了!!

肉食性：會捕食雙貝、卷貝、多毛類（沙蠶等）、小型甲殼類等

危險度： 日本100 日本100

分　類：雙殼綱貽貝目殼菜蛤科

原產地：中國、朝鮮半島

殼　長：30㎜

其　他：同為雙貝類的絲綢殼菜蛤、牛角江珧蛤、帆立貝也擁有會吸附在海岩或岸壁上的足絲。貝類足絲在海中的附著性目前正被研究應用於醫療領域。

死纏爛打的麻煩貝類

河殼菜蛤

Limnoperna fortunei

- **淡水性的雙貝類，喜歡河川、湖沼的陰暗場所**
- **繁殖力非常高，成長也很快，會一口氣擴散**

殼 由兩片薄貝組成，內側會散發珍珠質的光澤

形 形狀類似貽貝，但非常小

我為人人！
大家用力黏緊了！喔——！
人人為我，

足絲 會伸出名為足絲的纖維狀物質，黏在管道或牆壁上

雖然沒有腥味也沒有味道，並不算難吃，但也不好吃！
怎樣！很麻煩吧！

- **大量聚集時會堵塞水利設施的管道**

毫無隱私空間的共同住宅

哇咿哇咿
七嘴八舌
我再也不會離開這裡一步！我決定就這樣宅在這裡一輩子！
但我的夢想是成為貝殼。
放心吧，你從出生的那天起就是貝殼了。

- **陽光下曝曬3～6天就會乾燥死亡**

雜食性：會過濾水中的有機碎屑。即使在河口等稍微混雜海水的鹹水域也能存活

混在從中國進口的花蜆中入侵

入侵途徑
據說是混在從中國進口的花蜆當中。
你這傢伙！不是花蜆吧！
被發現了嗎？
又或是幼體順著水被吸進貨船。
也就是壓艙水啦。
被吸進去啦～
1990年代入侵西日本
會大量吸附在農業水利設備或核能發電廠、火力發電廠的排水管上。
堵塞管線？
我們沒有惡意喔？只是大家一起住在這裡而已。
啪吵～
最近也被發現是鯉科寄生蟲的中間宿主！
不小心帶進來了。
你好～
蠕動
蠕動
蠕動
琵琶湖鯰
原生鯉魚
腹口類吸蟲

活著就很麻煩，死了也麻煩，在牆壁上黏黏個不停……

雖然活著很麻煩，但就算是死了，也不會因此脫落，反而會釋放腐臭，因此變得更麻煩。一旦流入水中就會對生態系造成影響，所以去除也相當困難。

小寶寶的時候屬於浮游生物，所以哪裡都能去喔。
幼體

1990年在岐阜被發現，隔年又在琵琶湖內發現，之後陸續在琵琶湖的下游河川現蹤。

在關東至少在2004年就已入侵，分布範圍已擴大到京都、大阪、滋賀、愛知、岐阜、靜岡、群馬、千葉、茨城等地。

緊緊黏在水渠旁的粉紅衝擊！

福壽螺

Pomacea canaliculata

危險度： 日本100 世界100 日本100

分　類：腹足綱主扭舌目蘋果螺科

原產地：南美

殼　長：50～80㎜

其　他：別名蘋果螺。卵有毒，所以連天敵都難以捕食。雖然還未被列入特定外來生物，但日本有些自治體已禁止飼育、放生。

- 棲息於水田、水渠、池塘等，冬天會鑽進土中
- 1981年，為食用目的而引進日本全國養殖，但野生化的個體造成了大量農損，1984年被植物防疫法指定為檢疫有害動物

殼 類似矮胖的球形，從茶褐色到綠褐色都有，中間有紅褐色的螺旋帶狀紋

卵 沒有特定的繁殖期，產卵頻率約3～4天一次，約10天可孵化，2個月可成熟

會黏在水渠或水稻上。

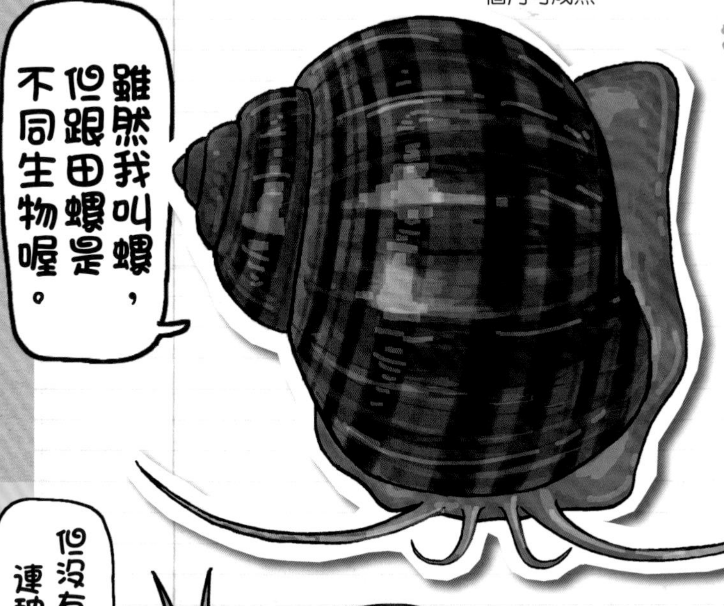
雖然我叫螺，
但跟田螺是
不同生物喔。

一塊卵團
約有200～300顆卵。
扭扭
扭扭

但沒有雜草時
連秧苗也吃喔。
啃食
啃食
雖然因為
會吃雜草
而被放養到
水田。

- 會啃食稻田、蓮藕、野芋、燈心草等農作，對農業的損害很大
- 在沖繩已確認是廣東住血線蟲的宿主

雜食性：從水田的雜草到動物的屍體、菌類等，食性很廣

別碰！危險的死神大蝸牛

非洲大蝸牛

Achatina fulica

危險度： 日本100 世界100 日本100 世界100 日本100

分　類：腹足綱柄眼目瑪瑙螺科
原產地：東非莫三比克附近
殼　高：10cm（最大可達15cm以上）
其　他：最初為了食用而引進日本的世界最大型蝸牛。繁殖力非比尋常，屬於須警戒外來生物（生態系被害防治外來種）、植物防疫法指定的有害動物。

我是禁止觸碰的喔。
危險！勿摸
COFFEE
好大——!!

- **夜行性，棲息在稻田旁的草叢或森林邊緣的矮木叢**
- **昭和初期的糧食危機時引進養殖，但隨後在沖繩本島和小笠原群島爆發性增長，變成農業害蟲**

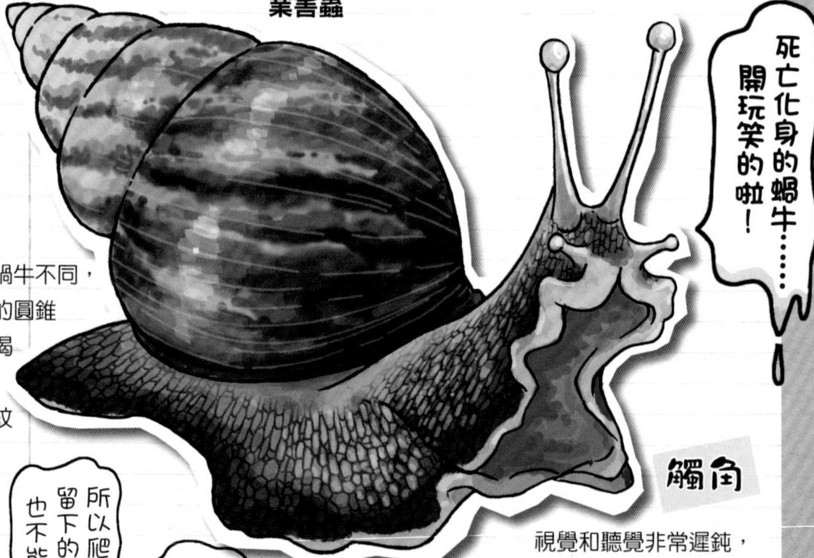
死亡化身的蝸牛……開玩笑的啦！

殼

跟普通的蝸牛不同，殼是細長的圓錐狀，成紅褐色，有黃色的橫紋

觸角

視覺和聽覺非常遲鈍，但嗅覺很敏銳

還有咬過的農作物也可能傳染喔。
所以爬行留下的黏液也不能觸摸，
黏液中也有寄生蟲，
黏黏
黏黏
黏黏

- **為廣東住血線蟲的中間宿主，主要經由未煮熟的蝸牛料理進入人體。會引發腦膜炎，造成頭痛、嘔吐、麻痺等症狀，最壞的情況可能致死**

雜食性：吃新鮮綠葉、落葉、果實、種子、動物的屍體、菌類，也會為了形成外殼而啃食沙子、石頭、水泥

危險度：日本100 世界100 日本100 世界100

本該是用來消滅非洲大蝸牛的……

玫瑰蝸牛

Euglandina rosea

分　類：腹足綱柄眼目旋軸螺科

原產地：美國東南部、中南美

殼　高：5～6cm

其　他：作為非洲大蝸牛的天敵，於1955年引進夏威夷，結果卻只捕食小型陸生貝，對生態系造成巨大影響。

- 夜行性，會出現在溫暖地區的森林或草原
- 為了驅除非洲大鍋牛而引進小笠原群島，但不僅驅除不成，反而會捕食島內特有種的小型陸貝類，導致有滅絕的危機

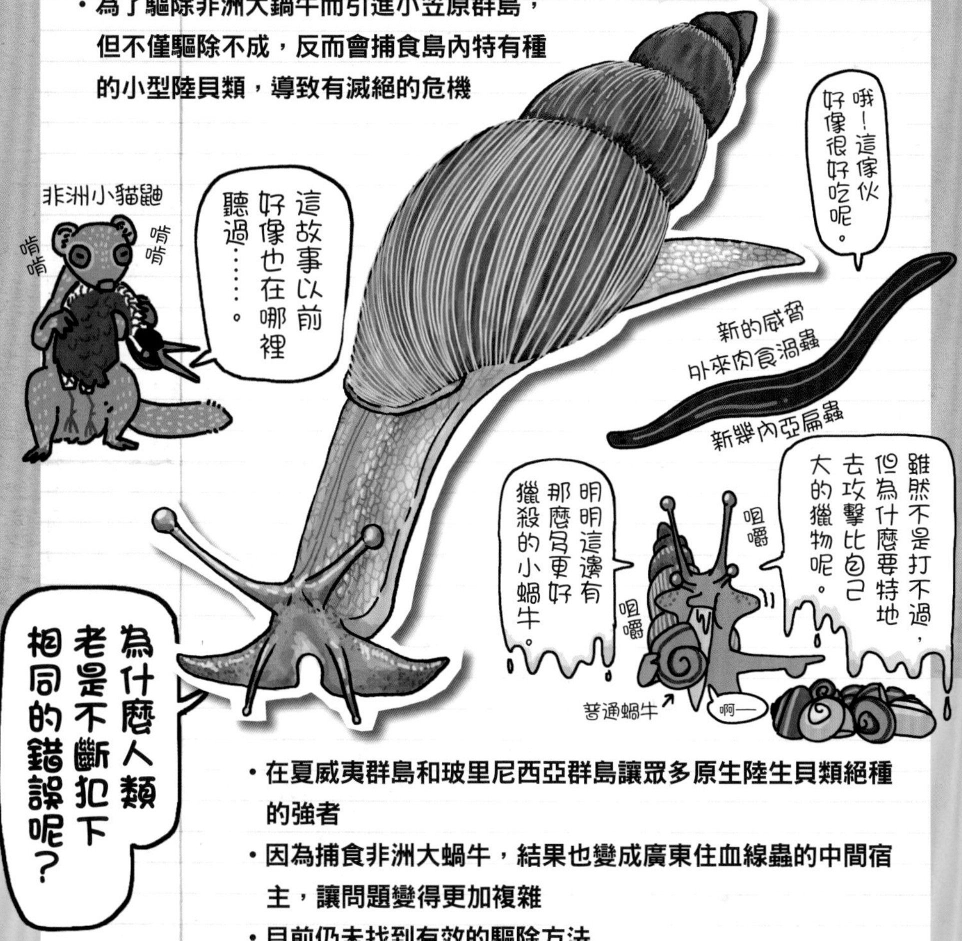

殼
粉中帶茶色的紡錘形
哦！這傢伙好像很好吃呢。
非洲小貓鼬
啃啃
啃啃
這故事以前好像也在哪裡聽過……。
新的威脅
外來肉食渦蟲
新幾內亞扁蟲
雖然不是打不過，但為什麼要特地去攻擊比自己大的獵物呢。
明明這邊有那麼多更好獵殺的小蝸牛。
咀嚼
咀嚼
普通蝸牛
啊—
為什麼人類老是不斷犯下相同的錯誤呢？

- 在夏威夷群島和玻里尼西亞群島讓眾多原生陸生貝類絕種的強者
- 因為捕食非洲大蝸牛，結果也變成廣東住血線蟲的中間宿主，讓問題變得更加複雜
- 目前仍未找到有效的驅除方法

肉食性：會追蹤其他陸生貝類（蝸牛、蛞蝓）的黏液後獵殺

参考文獻

《決定版 日本の外来生物》（財団法人自然環境研究センター・平凡社）
《終わりなき侵略者との闘い～増え続ける外来生物～》（五箇公一・小学館）
《外来魚のレシピ: 捕って、さばいて、食ってみた》（平坂寛・地人書館）
《侵入生物データベース》（国立研究開発法人国立環境研究所）
《生態系被害防止外来種リスト》（環境省・農林水産省）

日文版STAFF

企劃・編輯
組版・裝幀　福ヶ迫昌信（株式会社エディット）
解　　說　冨士本昌恵・株式会社エディット

打擾了！我們是外來生物

自然界中迷人的反派角色？

2020年7月1日初版第一刷發行

作　　者　Ulaken Volvox
監　　修　五箇公一
譯　　者　陳識中
編　　輯　曾羽辰
美術編輯　黃郁琇
發 行 人　南部裕
發 行 所　台灣東販股份有限公司
＜地址＞台北市南京東路4段130號2F-1
＜電話＞(02)2577-8878
＜傳真＞(02)2577-8896
＜網址＞http://www.tohan.com.tw
郵撥帳號　1405049-4
法律顧問　蕭雄淋律師
總 經 銷　聯合發行股份有限公司
＜電話＞(02)2917-8022

國家圖書館出版品預行編目資料

打擾了!我們是外來生物：自然界中迷人的反派角色? / Ulaken Volvox著；陳識中譯. -- 初版. -- 臺北市：臺灣東販, 2020.07
144面；14.8×21公分
譯自：侵略! 外来いきもの図鑑 もてあそばれた者たちの逆襲
ISBN 978-986-511-393-3 (平裝)

1.動物圖鑑 2.生物多樣性 3.通俗作品

385.9　　109007447

SHINRYAKU! GAIRAI IKIMONO ZUKAN: MOTEASOBARETA MONOTACHI NO GYAKUSHU

Written by Ulaken Volvox
Supervised by Koichi Goka

Original Japanese edition published by Parco Publishing

This Traditional Chinese edition published by arrangement with Parco Publishing through Tuttle-Mori Agency, Inc., Tokyo